연세대학교 과학콘서트

- 물질과 자연 에피소드 1

연세대학교 과학콘서트

- 물질과 자연 에피소드 1

편저자 연세대학교 이과대학
펴낸곳 연세대학교 대학출판문화원
주소 서울시 서대문구 연세로 50
등록 1955년 10월 13일 (제9-60호)
전화 02) 2123-3378~80
팩스 02) 2123-8673
전자우편 ysup@yonsei.ac.kr
웹사이트 http://press.yonsei.ac.kr
인쇄 화신문화(주)

2022년 2월 28일 1판 1쇄
ISBN 978-89-6850-637-6(03400)

값 12,000원

연세대학교
과학콘서트

연세대학교 이과대학 편

물질과 자연 에피소드 1

연세대학교 대학출판문화원

| ‘연세 과학콘서트’ 발간을 축하하며 |

연세대학교 이과대학이 서대문구청과 함께 추진하고 있는 ‘연세 과학콘서트’의 내용을 정리하여 책으로 출간하게 된 것을 기쁘게 생각합니다. 지난 2015년, 창립 100주년을 맞이한 연세대학교 이과대학은, ‘지역 사회참여 및 봉사’의 일환으로 서대문구 및 인접 지역의 청소년들에게 우리 삶 속에 깊숙이 영향을 미치고 있는 자연과학을 이해하고 사랑하는 마음을 심어 주고자 ‘연세 과학콘서트’를 기획하였습니다. 이렇게 기획하고 추진한 ‘연세 과학콘서트’는 서대문구청의 적극적인 협조를 얻어 서대문구 소재 학교에 재학하는 학생들에게 널리 홍보되었고, 지금까지 서대문구 및 인접 지역의 2,000여 명의 청소년들과 학부모들이 강연에 참석하여 과학에 대한 이해와 즐거움을 공유하는 만남의 시간으로 발전하여 왔습니다. 이 자리를 빌려 ‘연세 과학콘서트’가 성공적으로 자리 잡을 수 있도록 협조와 지원을 아끼지 않으신 서대문구청의 문석진 구청장님과 관계자 여러분들께 깊은 감사를 드립니다.

수학, 물리, 화학, 생물학, 지구과학, 대기과학, 천문우주학 등으로 대표되는 자연과학은 최근 전개되고 있는 4차 산업 혁명과 현재 인류가 직면하고 있는 기후변화 및 환경보호 문제 해결에 직·간접적으로 크게 기여하고 있습니다. 또한 정보의 교환 및 확산, 물류처리와 같은 사회간접비용을 대폭 절감시킬 뿐만 아니라, 다양하고 규모가 큰 서비스 산업의 창출도 가능하게 하는 등 앞으로도 파급효과가 막대할 것으로 기대되고 있습니다. 따라서 자라나는 청소년들에게 국가 핵심 산업의 발전 및 기술 혁신의 원동력으로서의 ‘자연과학의 역할’에 대하여 올바른 이해와 관심을 갖게 하는 것은 매우 중요한 일이라고 생각됩니다. 이러한 관점에서 2015년부터 연세대학교 이과대학이 주최가 되어 지난 6년간 정기적으로 '연세 과학콘서트'를 개최하고, 다양한 자연과학 관련 주제에 대한 수준 높은 강연과 질의·응답 등을 진행함으로써 청소년은 물론 일반인들의 과학에 대한 관심을 적극적으로 유도하고 과학적인 사고의 필요성을 지속적으로 전달하고자 노력해 온 것은 매우 큰 의미가 있다고 생각됩니다.

지금까지 '연세 과학콘서트'에서는 자연과학 분야에서 활발히 연구하고 계시는 우리 대학교의 대표적인 20여 분의 교수님들이 다양한 주제에 대하여 열정적인 강연을 학생들에게 해 주셨습니다. 이 책은 이러한 20여 분의 교수님 강연 중에서 아홉 분의 교수님이 강연하셨던 내용을 재구성한 자료를 담고 있습니다. 특히 '암흑물질의 신비', '기후변화의 원인과 예측', '은하 형성의 비밀', '다이아몬드 배를 타고 떠나는 지구 속으로의 여행', '스파이더맨의 비밀' 등과 같은 흥미로운 강연 제목으로, 인류가 오랜 기간 축적한 경험과 관측을 통해 알게 된 지식들과 함께, 현재 우리가 직면하고 있는 사회적 문제와의 연관성 및 해결 방법은 물론 미래의 전망까지도 쉽게 이해할 수 있도록 매우 재미있게 기술하고 있습니다. 그동안 '연세 과학콘서트'에서 훌륭한 강연을 해 주신 20여 분의 교수님과 원고를 준비하여 주신 아홉 분 교수님, 그리고 발간을 위하여 애쓰신 여러 교수님들의 헌신적인 노력과 수고에 깊은 감사의 말씀을 드립니다.

아무쪼록 이 '연세 과학콘서트'가 청소년들이 과학적인 사고능력과 창의력의 폭을 넓히는 데 큰 도움이 되기를 기대합니다. 또한 이 책을 통해 보다 많은 청소년들이 과학에 대한 관심을 갖게 되어 우리나라 과학과 기술의 획기적인 발전에 기여할 우수한 인재로 거듭나기를 기원합니다.

2021. 12.

연세대학교 (前)이과대학장 박 승 한

| 추천사 |

안녕하십니까? 서대문구청장 문석진입니다.

연세대학교와 서대문구가 2015년부터 함께해 온 과학콘서트가 올해로 벌써 14회를 맞이하였습니다. 아마 첫 번째 강의에 참여했던 중고생은 지금 과학도가 되어 대학 캠퍼스를 누비고 있을지도 모르겠습니다.

과학콘서트는 우리 청소년들이 다양한 과학 분야 최고 권위자의 강의를 들으며 지적 호기심을 채우고, 평소 해당 분야에 관심이 있었던 청소년들의 진로 선택에 도움을 주기 위해 마련한 자리입니다.

과학콘서트에 참석한 청소년들은 캠퍼스의 자유로운 활기에 긴장과 설렘을 감추지 못하는 풋풋한 모습이면서도 눈빛만큼은 호기심으로 가득합니다. 그 모습을 보고 있노라면 우리나라 과학계의 밝은 미래를 엿보는 것만 같아 가슴이 뭉클해지기도 했습니다. 그런 강의가 1회성으로 끝나는 것이 내심 아쉬움으로 남아있었는데, 지난 7년간의 강의를 엮어 책자를 발간한다는 소식을 접하니 더할 나위 없이 반갑게 느껴집니다.

"연세 과학콘서트"에는 다양한 분야의 과학 강연이 담겨있습니다. 과학자를 꿈꾸는 학생들에게는 자신의 꿈을 향해 한발 더 나아갈 수 있는 계기를 마련해주고, 또 호기심을 채우려는 학생들에게도 지적 즐거움을 선사해 줄 책입니다. 어쩌면 지금 이 책을 보고 계신 여러분 중에서 현대 사회의 여러 문제점을 해결하고 미래를 선도해 나갈 위대한 과학자가 탄생할 수도 있겠다는 유쾌한 상상을 해봅니다.

올해 과학콘서트는 사회적 거리두기 조치로 인해 온택트 방식으로 진행한 바 있습니다. 하지만 내년에는 코로나19를 잘 극복하여 과학콘서트 현장에서 여러분들과 만날 수 있기를 기대하겠습니다.

끝으로 현장에서 좋은 강의를 위해 노력해주시고, 나아가 7년간의 기록을 책으로 펴내어 더 많은 분들과 나눌 수 있도록 애써주신 연세대학교 학장님을 비롯한 여러 교수님, 그리고 이과대학 관계자 여러분께도 깊은 감사의 말씀을 전합니다. 고맙습니다.

2021. 12.

서대문구청장 문 석 진

| 차 례 |

햄릿이 옳았는가 — 암흑물질의 신비

햄릿이 옳았는가 — 암흑물질의 신비

권 영 준
물리학과 교수

첫 번째 증거

햇님, 달님, 별님

물리학을 포함한 과학의 발달은 인류가 자연 현상들을 반복하여 관측하며 쌓은 경험과 정보를 누적하면서 시작되었다. 이후 근대 과학의 시대에 접어들며 본격적으로 실험실에서 체계적으로 설계되고 통제된 실험을 함으로써 과학은 급속도로 발전을 이루게 되었다. 상상의 날개를 펼쳐 수만 년 전 과거로 돌아가 보자. 아직 달력이 없던 시대에, 매일 뜨고 지는 태양을 바라보며 사람들은 무엇을 알게 되었을까? 우선 태양의 뜨고 지는 것이 대략 24시간(물론 '시간'에 대한 개념도 지금과는 달랐을지 모른다) 주기로 매일 반복하여 이루어지는 것을 알았을 것이다. 그런데 태양이 정확히 24시간 주기로 매일 같은 시간에 동쪽의 같은 위치에서 뜨고, 서쪽의 같은 위치에서 진다면 우리는 24

시간이라는 주기성 외에는 별로 의미있는 과학 지식을 얻지는 못했을 것이다. 태양의 뜨고 지는 시간과 위치가 매일 조금씩 바뀌는 것을 인식하면서부터 사람들은 태양의 위치와 날씨를 연결짓게 되었다. 그리고 이 관계는 24시간이 365번 반복되는 시간을 주기로 되돌아 온다는 것을 알았을 것이다. 이러한 관측을 통해 양력 달력이 만들어 졌고 이는 농사에 큰 도움을 주었다.

한편 밤하늘에 나타나는 가장 주목할 만한 천체는 달이다. 사람들은 달의 뜨고 지는 시간과 달의 모양이 관계가 있는 것을 깨닫는다. 그리고 그 관계성은 대략 30일 주기로 반복되는 것을 관측한다. 게다가 달의 모양과 바닷물의 흐름(조석간만)이 또 밀접한 관계가 있음을 알았다. 자연스레 음력 달력이 만들어지기에 이르렀고 이는 바다에서 고기잡이 하는 데 유용하게 활용된다.

태양의 관측과 달의 관측을 통해 인류는 농사와 어업에 큰 도움을 얻게 되었고 이제 사람들의 관심은 자연스레 하늘을 밝히는 또 다른 천체, 별을 향한다. 별의 움직임을 관측하는 것도 인류의 생활에 큰 혜택을 얻을 수 있지 않을까? 많은 사람들이 밤하늘을 바라보고 별의 움직임을 관측하며 기록한다. 육안으로 관측되는 수천개의 별들 중 대부분은 별자리에 속해 고정된 위치를 점하며 뜨고 지는 것처럼 보인다. 그리고 별자리에 속한 별들은 태양의 움직임과 마찬가지로 1년을 주기로 움직이는 것이 관측된다. 이것 외에 새로운 무엇을 깨달을 수 있을까? 그런데 밤하늘의 별들 중 다섯 개는 그 움직임이 심상치 않다. 그들은 특정한 별자리에 속하지 않은 듯이 별들 사이를 헤집고 다닌다. 그래서 사람들은 이 다섯 개의 별들을 행성(行星)이라 부르고 그 움직임을 면밀히 관찰하였다. 일주일에 들어 있는 요일들의 이름이 태양과 달, 그리고 다섯 개의 행성들의 이름을 따서 지어졌다는 것은 이 일곱개의 천체가 얼마나 사람들에게 큰 관심이 되었는지를 알려준다고 하겠다. 이와 같이 행성들의 움직임에 관한 많은 관측자료들이 모였지만, 태양과 달의 경우와는 달리, 특별히 인

생에 도움이 될만한 정보가 파악이 안 된 채로 긴 시간이 흐른다. 그 가운데 행성의 움직임을 설명하는 이론으로 천동설(지구중심설)이 사람들의 생각을 지배하다가 나중에 지동설(태양중심설)이 받아들여지게 되는 과정들은 역사에 잘 알려져 있다.

〈그림 1〉 티코 브라헤와 요하네스 케플러의 동상

티코와 요하네스

관광지로 유명한 프라하 성 근방에는 두 사람이 나란히 서 있는 동상이 있다(그림 1). 한 사람은 삼각자 형태의 각도기를 들고 있고 다른 한 사람은 뭔가 커다란 노트를 말아놓은 듯한 물체를 들고 있다. 각도기를 들고 있는 사람이 티코 브라헤, 노트를 들고 있는 사람은 요하네스 케플러. 16세기 프라하에 살았던 티코 브라헤는 매우 시력이 좋았다. 그래서 각도기 하나 들고 5개 행성의 움직임을 30년간 매일 밤 관측하고 기록해 두었다. 그런데 이 방대한 관측 기록을 제대로 분석하지도 못하고 병에 걸려 죽게 되었다. 티코 브라헤의 제자 중에 요하네스 케플러는 매우 뛰어난 제자였지만 스승과의 사이는 그리 원만하지 않았다고 한다. 그렇지만 죽음 앞에 선 스승은 자신이 모은 행성 운동에 관한 엄청난 관측 기록을 제자 케플러에게 넘긴다. 그리고 이 데이터가 헛되이 사라지지 않게 해달라고 유언같은 당부를 남긴다.

케플러의 세 가지 법칙

케플러가 스승으로부터 넘겨 받은 데이터를 분석하여 발견한 것이 케플러의 세 가지 법칙들이다:

(1) 행성은 태양을 초점으로 하는 타원 궤도를 따라 공전한다,
(2) 행성과 태양을 잇는 선분이 단위시간당 휩쓸고 지나가는 면적은 일정하다(면적-속도 일정의 법칙),
(3) 행성의 공전주기의 제곱(T^2)과 태양까지의 거리(정확히는 타원궤도의 장반경의 절반)의 세제곱(R^3)은 비례한다.

제2법칙은 물리학의 중요한 법칙 중 하나인 각운동량 보존 법칙의 결과로 나타난다. 피겨스케이팅 선수가 회전을 할 때 팔을 벌리는 경우와 좁히는 경우에 회전 속도가 달라지는 것도 역시 각운동량 보존법칙의 결과이다. 케플러의 제3법칙은 태양계의 모든 행성들에 대해(지구도 포함하여) 매우 잘 맞는 것으로 확인되었으며, 나아가서 뉴턴의 중력법칙과 운동법칙을 찾아내는 데 결정적 단서를 제공한 중요한 법칙이다.

뉴턴의 중력법칙과 운동법칙이 지니는 중요한 의미 중 하나는 하늘에서 성립하는 운동법칙이 땅에서도 성립하는 보편적 법칙임을 밝혔다는 것이다. 보편적 원리로 자연 현상을 이해할 수 있다는 깨달음은 인류에게 혁명적인 사고의 전환을 가져다 주었으며 이로써 계몽주의 시대가 활짝 열리게 되었다. 뉴턴의 법칙이 지상에서 뿐만 아니라 태양계에서도 성립하는 보편적인 법칙이라면 태양계를 벗어난 다른 은하계에서도 성립해야 한다.

은하의 공전 속력

케플러의 제3법칙에 따르면 태양계 행성들의 공전 속력과 행성에서 태양까지의 거리 r 사이의 관계는 $v \propto 1/\sqrt{r}$ 이다.[1)]

---

1) 질량이 m_1, m_2인 두 물체가 서로 작용하는 중력으로 원운동을 한다면, 원운동의 구심력 $m_1 v^2/r$과 중력 Gm_1m_2/r^2을 연결하여 $v \propto 1/\sqrt{r}$ 결과가 바로 나온다.

태양계의 모든 행성들은 이 관계식을 정확하게 만족한다. 태양계에서 성립하는 케플러의 법칙이 자연의 보편법칙이라면 그것은 태양계를 넘어 은하계, 그리고 은하계를 넘어 외부 은하에서도 성립해야 한다. 망원경의 성능이 개선되고 관측기술이 발달하면서 사람들은 태양계를 넘어 우리 은하계, 그리고 이를 넘어 외부 은하계까지 관측하기 시작했다.

1930년대에 스위스의 천문학자 프리츠 츠비키(Fritz Zwicky, 1898-1974)는 'Coma Cluster'라는 은하단의 속력을 측정하였다. 은하단의 중심을 공전하는 각 은하들의 속력을 측정하여 이를 은하단의 중심으로부터 떨어진 거리에 따라 그래프를 분석하여 발견한 사실은 은하들의 공전속력이 사진에 나타난 은하단의 은하 분포에서 추정되는 것보다 더욱 크게 나온 것이다. 은하단의 사진을 통해 은하들의 지리적 구성을 분석하면 은하들이 서로에게 미치는 중력을 예상할 수 있다. 뿐만 아니라 각 은하별로 은하단의 중심에서 떨어진 거리에 따라 공전 속력이 얼마가 되어야 하는지도 예측이 가능하다. 공전 속력이 예측된 속력보다 작으면 그 은하는 은하의 중심으로 빨려 들어가야 한다. 반대로 공전 속력이 예측된 속력보다 크면 은하의 중심을 벗어나서 멀어지게 된다. 이것은 지구에서 어떤 물체를 쏘아 올릴 때 이 물체의 속력이 지구탈출 속력인 초속 11.2km 보다 크면 지구의 중력권을 벗어나 멀어지게 되는 것과 같은 원리이다. 츠비키의 발견에 따르면 은하단에 속한 은하들에게서 관측된 공전 속력이 너무 커서 이 상태로는 은하들이 중력에 의해 은하단에 속박되어 있을 수가 없다는 것이다. 물론 은하단에 작용하는 중력은 관측된 은하들을 가지고 추정한 것이다. 만일, 관측되지는 않았지만 중력을 만들 수 있는 물질들이 존재한다면 공전속력 문제가 해결될 수도 있다.

별을 사랑한 소녀, 암흑을 이야기하다

"나는 지구 위에 살면서 우주가 어떻게 작동하는지를 이해하려하지 않는 것을 차마 상상할 수 없습니다."(V. Rubin)

베라 루빈(Vera Rubin, 1928-2016)은 어려서부터 별을 좋아했고, 별 보는 것을 즐겨하며 자랐다. 그런 그녀가 박사학위를 받고 연구자가 되는 과정은 그리 쉽지 않았다. 당시 학계에 만연했던 남성 학자들의 배타적인 분위기가 주요 이유였다. 루빈은 팔로마 천문대에서 연구를 하도록 승인받은 첫번째 여성 천문학자였다. 그녀가 팔로마 천문대에 처음 갔을 때 남자 화장실밖에 없는 것을 보고 바로 종이에 여성 표시를 그려서 화장실 문 앞에 붙여 놓았다는 일화도 있다.

루빈이 택한 연구 주제는 은하의 공전속력에 관한 것이다. 그녀는 켄트 포드(Kent Ford)와 함께 안드로메다 은하의 각 지점에서 나오는 빛의 도플러 스펙트럼 분석으로 공전속력을 측정하였으며 이 속력이 은하의 중심으로부터 떨어진 거리 r과 어떤 관계가 있는지 분석하였다. 놀랍게도 케플러의 제3법칙이 예측한 $v \propto 1/\sqrt{r}$ 와는 맞지 않고, 거리가 멀어져도 속력이 거의 일정하게 유지되는 것으로 나타났다.[2] 루빈은 계속하여 안드로메다 외에도 많은 외부 은하들을 관측하고 공전속력을 측정하였다. 그리고 모든 은하들에서 공전속력이 케플러의 제3법칙의 예측과 맞지 않고 거리에 상관없이 거의 일정한 값으로 나타나는 것을 발견하였다. 이것은 츠비키가 은하단을 관측하여 얻은 결과와도 일맥상통하는 것이다.

2) V. Rubin and K. Ford, Jr., Astroph. J. 159, 379 (1970).

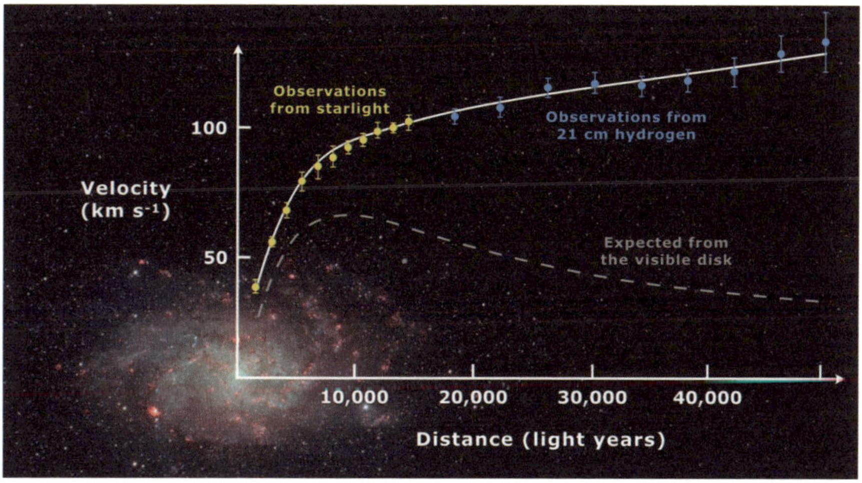

〈그림 2〉 나선은하 M33의 공전속력 vs. 은하의 중심으로부터의 거리.

그림 2는 나선은하 M33의 공전속력을 은하의 중심으로부터의 거리의 함수로 나타낸 것이다.[3] 실제 공전속력 관측값들은 점으로 표시되었다. 가시광선을 측정한 관측값은 노란색으로, 21cm 마이크로파를 측정한 값들은 파란색으로 표시되어 있다. 사진에 보이는 별들의 분포에서 추정된 중력에 의한 공전속력 예측값은 파선(dashed line)으로 표시하였으며, 실선으로 표시된 부분은 관측값을 부드러운 곡선으로 연결한 것이다. 이 결과들을 과연 어떻게 해석해야 할까? 케플러의 제3법칙이 보편법칙이 아니고 태양계에서만 성립하는 특별법칙이란 말인가? 케플러의 제3법칙과 뉴턴의 중력법칙은 서로 밀접한 관계가 있는데, 그렇다면 뉴턴의 중력법칙도 보편법칙이 아닌 것일까? 이 결과를 바라보는 루빈의 생각은 달랐다. 케플러의 제3법칙이 보편적인 물리법칙이 아니라고 성급한 결론을 내리지 않고 오히려 은하 주위에 관측되지 않는

3) Edvige Corbelli and Paolo Salucci, *The extended rotation curve and the dark matter halo of M33*, Monthly Notices of the Royal Astronomical Society, 311, 441-447 (2000).

물질들이 있어서 그들이 만드는 중력으로 인해 은하 바깥에 있는 별들의 공전 속력이 겉보기 분포에 의해 예상한 값보다 크게 나온다는 가설을 제시하였다. 그리고 이러한 물질을 암흑물질(dark matter)이라고 불렀다.

두 번째 증거

빛을 휘게 하는 중력 렌즈

뉴턴의 중력 이론에 대해 아인슈타인이 가진 큰 불만 중 하나는 뉴턴의 이론에서는 중력이 멀리 떨어진 물체에 즉각적으로 작용한다는 것이다. 그런데 특수상대론에 의하면 어떤 것도 빛의 속도보다 빠르게 움직일 수는 없다. 중력도 예외는 아닐 것이다. 아인슈타인의 이 고민은 결국 새로운 중력 이론인 일반상대성 이론을 낳기에 이르렀다. 당시 시대상황은 중력에 관한 실험 현상들이 뉴턴의 중력 이론으로 설명이 되었기 때문에 뉴턴의 중력 이론을 대체할 새로운 중력 이론의 필요성이 대두되지 않던 상황이었다. 그런 점에서 아인슈타인의 일반상대성 이론은 실험과는 관계 없이 이론적 직관에 의해 야기된 이론이라 할 수 있다. 그리고 새롭게 만들어진 이론에 따라 당시로는 생각지도 못했던 새로운 현상들이 예측된 것이다. 이러한 예측 중에 대표적인 것은 중력파의 존재로 이는 일반상대론이 발표되고 100년이 지나서 2016년에 비로소 그 존재가 실험으로 밝혀졌다.[4)]

일반상대론의 또 다른 중요한 예측 중 하나는 중력이 있는 곳의 공간이 휘어진다는 것이다. 빛은 주어진 공간에서 가장 짧은 경로[5)]를 따라 움직이므로 결국 중력이 있는 공간에서 빛은 휘어진다. 빛에 관해 가지고 있던 지식 중 가장

---

4) 중력파 발견의 공로로 Weiss, Barish, Thorn이 노벨물리학상을 받음.
5) 이 경로를 측지선(geodesic)이라 부른다.

기본적인 것은 빛은 균일한 매질에서 직진한다는 것이다. 빛의 직진은 인류의 생존에 매우 중요한 정보를 제공했다. 예를 들어 달려오는 맹수를 눈으로 보면, 맹수가 보이는 그 방향에 실제로 맹수가 존재한다는 것이 빛의 직진성이 주는 교훈이었다. 그래서 맹수를 피하기 위해서는 맹수가 보이는 방향에 대해 수직으로 도망을 치는 게 유리한 것이다. 이 정보는 사실상 DNA에 각인되어 유전되었다고 말할 만하다. 그런데 아인슈타인의 이론에 따르면 중력에 의한 공간의 휘어짐 때문에 빛의 경로도 휘어진다. 당연히 사람들은 이 예측을 쉽게 받아들일 수가 없었다.

강한 중력장 안에서 빛이 휘어지는 것은 개기일식 때 태양 근처에 나타나는 별의 위치를 측정함으로써 검증이 가능하다. 여름철 밤하늘에는 독수리 자리의 견우성(Altair), 거문고 자리의 직녀성(Vega) 그리고 백조자리의 시그너스-A인 데네브(Deneb)가 눈에 띄게 밝은 삼각형을 그리는 것을 볼 수 있다. 반면에 겨울철 밤하늘에는 오리온 자리, 그리고 밤하늘의 항성 중 가장 밝은 큰개자리의 시리우스(Sirius) 등이 밝게 빛난다. 사실 밤과 낮은 지구의 자전에 의한 것이므로 여름의 낮 시간에는 겨울 밤하늘에 빛나는 별들이 하늘에 보여야 한다. 다만, 낮에는 태양 빛이 너무 밝아서 별빛을 가리기에 우리 눈에 별들이 보이지 않는 것이다. 만일 어느 여름 날 개기일식이 생긴다면, 달의 그림자가 태양빛을 완전히 가려서 낮에도 하늘에는 별이 보이게 된다. 이때 태양 근처에 보이는 별에서 나온 빛은 지구를 향해 오는 도중 태양의 중력이 센 부분을 지나면서 일반상대론에 의해서 별빛이 태양 주변의 휘어진 공간을 따라 휘어져서 오게 된다. 그런데 관측자는 빛이 직진해 온 것으로 해석할 것이기에 별의 겉보기 위치가 실제 위치와 달라지게 된다. 즉 여름에 개기일식 때 찍은 별 사진과 겨울 밤에 찍은 별 사진을 비교하면 태양 근처의 일부 별들의 위치가 약간 이동한 것처럼 나타날 것이다. 1919년 5월 29일 대서양의 프린시

페(Principe) 섬에 나타난 개기일식 순간 어두워진 하늘의 별의 위치를 관측한 에딩턴(Eddington) 경은 관측 결과 별의 겉보기 위치가 밤하늘에 측정한 것과 비교하여 실제로 달라졌음을 발견하였다. 그리고 그 달라진 정도는 일반상대론이 예측하는 것과 정확히 일치한다는 것도 확인했다. 아인슈타인의 일반상대성 이론이 옳다는 증거를 찾은 것이다.

질량이 큰 물체는 강한 중력장을 만들며 주위의 공간을 휘어지게 한다. 이 물체의 뒤에 은하(galaxy)가 존재한다면 반대쪽에서 보는 이 은하의 상(image)은 빛의 휘어짐(더 정확히는 공간의 휘어짐)에 의해 왜곡된다. 극적인 결과물을 아래 그림에서 살펴보자.

그림 3은 허블 망원경으로 측정한 사진이다. 그림의 한가운데에는 RCS2 032727-132623라는 은하단이 있다. 관측자 기준으로 이 은하단 뒤에 있는 천체에서 나오는 빛은 중력렌즈 현상으로 왜곡되어진다. 그림 3의 중심을 기준으로 대략 8시-12시 부근 방향을 살펴보면 파란색 고리가 커다랗게 떠 있

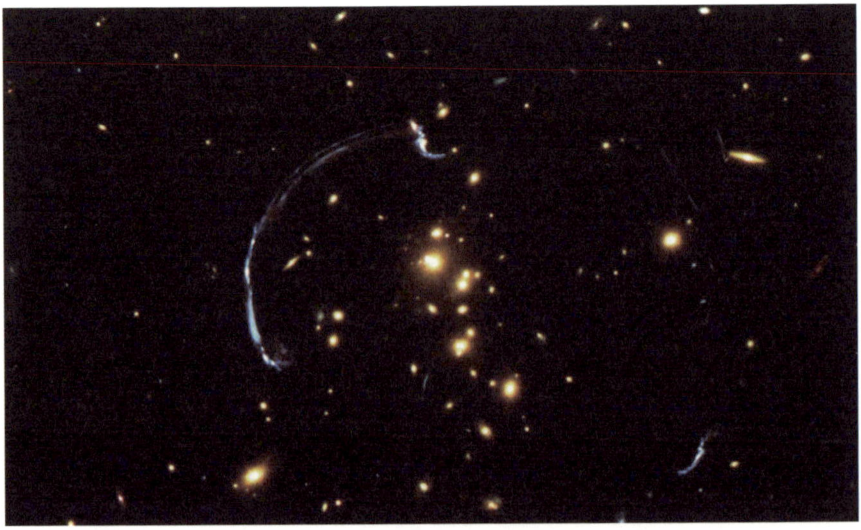

〈그림 3〉 중력렌즈 현상으로 천체의 상이 왜곡된 사례
(NASA, ESA, J. Rigby (NASA Goddard Space Flight Center)

는 것이 보인다. 이것은 약 100억 광년 너머에 있는 은하에서 나온 빛이 중앙에 있는 은하단의 중력에 의해 휘어져서 왜곡된 이미지이다. 이 외에도 조금 작은 규모로 왜곡된 은하의 이미지들이 여러 개 보인다.

총알 은하단(Bullet Cluster)

〈그림 4〉 총알 은하단

그림 4는 찬드라(CHANDRA) X-Ray 망원경으로 관측한 '총알 은하단'의 모습이다.[6] 이 이미지는 가시광선 관측, X-선 관측 그리고 중력렌즈 현상으로부터 추정된 물질 분포 등을 결합하여 만들어진 것이다. 사진에서 밝은 색(흰색, 노란색 등)으로 표시된 부분은 가시광선 측정 결과이다. 점 하나가 은하 혹은

6) 이미지 출처: https://chandra.harvard.edu/photo/2006/1e0657/more.html

은하단 하나에 대응된다. 중앙 부분에 붉은 색으로 표시된 두 영역은 X-선으로 측정한 결과이다. 이 영역에서 X-선이 매우 강하게 나오고 있다는 것이다. 일반적으로 은하들 간의 충돌이 일어날 때 혹은 블랙홀 부근에서 하전입자가 급격하게 가속을 받을 때 강한 X-선이 나온다. 이 사진에서는 X-선이 나오는 영역이 두 개가 있는 것으로 보아 두 은하의 충돌로 인해 X-선이 발생한 것으로 보인다. 이 은하단이 총알 은하단이라 불린 이유가 두 개의 X-선 영역 중에서 작은 쪽(사진에서 오른쪽)의 모양이 마치 총알이 날아가는 것 같기 때문이라는 점도 재미있다. 그런데 그림 4에는 붉은 색 영역 외에도 푸른 색으로 표시된 영역도 있다. 두 개의 붉은색 영역보다 조금 멀찌감치 떨어져 있는 이 두 개의 푸른색 영역은 무엇을 나타내는 것일까?

그림 4에서 푸른 색으로 표시된 부분은 중력렌즈 현상을 통해 추정한(눈에 보이지 않는) 물질의 분포를 나타낸다. 총알 은하단을 관측한 학자들은 그림 4의 푸른색 영역 근방에서 중력렌즈에 의한 이미지 왜곡이 유난히 심하게 나타남을 주목했다. 일반적인 은하의 모습이 어떠한지를 알기 때문에 사진에서 보여진 이미지의 왜곡 정도를 가늠할 수 있고 왜곡이 중력렌즈 현상에서 왔다는 전제하에 중력을 만드는 물질의 양을 추정할 수 있다. 푸른 색이 짙게 표시된 부분이 좀 더 많은 양의 물질이 모여 있는 부분이라고 보면 된다. 자, 이제 붉은색 영역과 푸른색 영역이 나타내는 것을 일관성 있게 설명할 수 있을까?

총알 은하단에 나타난 X-선 분포 및 중력렌즈 현상 분석 결과도 암흑물질의 존재로 설명된다. 충돌하는 두 은하는 각각 눈에 보이는 물질(별, 성간물질) 뿐만 아니라 암흑물질도 포함하고 있다고 생각해 보자. 두 은하가 충돌할 때 눈에 보이는 물질, 즉 원자로 이루어진 물질들은 충돌시 강력한 전자기적 상호작용을 한다. 그리고 그 결과로 X-선을 비롯한 다양한 전자기파를 발생한다. 그런데 암흑물질은 상호작용이 거의 없으므로(그래서 우리가 관측을 할 수 없는 것이다) 반응을 하지 않고 충돌 지역을 유유히 빠져 나간다. 그 결과 강하게 반응하는 일반 물질 영역(사진에서 붉은색 부분)과 반응이 거의 없이 빠져 나가는 암흑물질 영역(사진에서 푸른색 부분)으로 나뉘어지는 것이다. 이와 같이 총알 은하단의 관측결과는 암흑물질의 존재를 강력하게 시사하는 증거로 받아들여지고 있다.

세 번째 증거

태초의 빛

노벨상 홈페이지는 2019년도 노벨 물리학상 수상자 중 한 명인 제임스 피블스(James Peebles)의 업적을 '우주의 진화에 관한 이해와 우주론 이론의 발견'이라고 설명한다. 피블스의 업적은 1978년과 2006년에 주어진 노벨물리학상 업적들과 직접적인 관계가 있다. 1978년 노벨 물리학상을 받은 아노 펜지어스(Arno Penzias)와 로버트 윌슨(Robert Wilson)의 수상 업적은 전파망원경을 만들고 테스트하다가 우연히 빅뱅 이후 38만년 지난 시점의 우주에서 나온 빛 즉 우주배경복사(Cosmic Microwave Backgroud; CMB) 신호를 최초로 발견한 것이다.[7] 한편 2006년 노벨 물리학상 수상자인 조지 스무트(George Smoot)와 존 마더(John Mather)의 수상 업적은 우주배경복사가 지니는 흑체복사의 성질과 그 분포의 미세한 비균질성을 최초로 관측한 것이다.[8] 2019년 수상자인 피블스는 1965년에 이루어진 펜지어스와 윌슨의 우주배경복사 발견에 앞서서 빅뱅 이후 우주의 진화 과정에서 우주배경복사가 필연적으로 생

7) Penzias, A. A. and Wilson, R. W., *A measurement of Excess Antenna Temperature at 4080 Mc/s*, Ap. J.. 142, 420 (1965).

8) Smoot, G. et al., Structure in the COBE differential microwave radiometer first-year maps, Ap. J. Lett., 396, L1 (1992).

성된다는 것, 그리고 우주배경복사의 미세구조 안에 마치 우주의 현재의 모습을 결정하는 씨앗과 같은 정보가 담겨 있다는 것을 이론으로 제시한 업적을 인정받았다.[9] 도대체 우주배경복사가 무엇이길래 세 번에 걸쳐 노벨물리학상이 수여되었을까? 그리고 지금 우리는 우주배경복사를 통해 무엇을 알아가고 있는 것인가?

빅뱅 직후의 우주는 매우 높은 에너지 밀도를 지니고 있으나 우리가 알고 있는 원자 형태의 물질은 아직 생성되지 않은 상태였다. 빅뱅 이후 약 백만 분의 일 초가 지나서 양성자와 중성자가 생성되었고 약 3분이 지난 후 양성자와 중성자들이 결합하여 원자핵을 이루기 시작한다. 그런데 이렇게 생성된 양성자와 원자핵들은 아직 전자와 결합하여 중성 원자를 이루지 못한다. 빅뱅에서 시작한 우주의 온도가 아직 너무 뜨거워 전자와 양성자의 전기적 결합을 방해하기 때문이다. 빅뱅 이후 약 38만 년이 지나, 우주가 팽창하면서 온도가 점점 식어 절대온도 약 3천 도 정도 되는 시점에 드디어 전자와 양성자가 결합하여 중성인 수소 원자를 만들게 된다. 빛 입자, 즉 광자(photon)는 전하를 지닌 입자와만 반응을 하며 중성 입자와는 반응하지 않는 성질을 지니고 있다. 뜨거운 우주 안에서 광자는 음전하를 띤 전자, 양전하를 띤 양성자 등과 결합하지만, 우주가 식으면서 전자와 양성자가 결합하여 중성 원자가 되면 광자는 이들과 반응을 하지 않고 방해받지 않은 채 우주 공간을 날아가게 된다. 빅뱅 이후 38만 년 시점에 중성 원자로부터 분리된 빛이 우주를 날아오다 1965년에 처음으로 관측된 것이 펜지어스와 윌슨에 의한 우주배경복사의 발견이다. 그리고 이 빛은 현재 인류가 관측할 수 있는, 빅뱅에 가장 가까운 시점의 빛, 우주 초기의 정보를 담고 있는 빛이라 할 수 있다. 은유적으로 표현하자면 우주

9) Peebles, J., *Principles of Physical Cosmology*, Princeton University Press (1993).

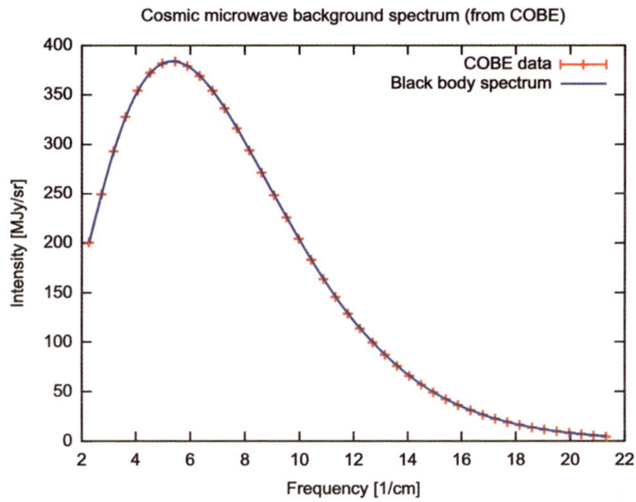

〈그림 5〉 COBE 실험이 측정한 우주배경복사의 진동수 분포를 2.7K 온도를 갖는 흑체복사 스펙트럼과 비교.

배경복사는 태초의 빛이라 하겠다.

우주배경복사의 온도 분포

열평형 상태에 있는 모든 물체는 그 온도에 따라 특정한 파장 분포를 갖는 전자기파를 방출한다. 이를 흑체복사(Black-body radiation)라고 부른다. 흑체의 온도와 흑체복사 분포에서 최대값을 갖는 파장 사이에는 반비례 관계가 성립하는데, 이 관계를 '빈의 법칙(Wien's displacement law)'이라 한다. 전자기파 중에서 사람의 눈으로 관측할 수 있는 400nm에서 700nm 영역의 파장을 갖는 전자기파를 우리는 가시광선 혹은 간단히 빛이라 부른다. 가시광선 중에서 파장이 가장 짧은 것은 보라색을, 파장이 가장 긴 것은 빨간색을 띈다. 흑체복사에 관한 빈의 법칙에 따르면 푸른색 흑체복사를 방출하는 물체의 온도는 약 1만 2천도, 붉은색 흑체복사를 방출하는 물체의 온도는 약 3천 도이다. 즉 푸른 빛이 붉은 빛에 비해 훨씬 뜨겁다는 것을 알 수 있다. 물체의 온도가 6천 도쯤 되면 가시광선의 모든 영역이 비슷한 정도의 세기를 지니게 되고 그 결과로 물체는 흰색으로 나타난다. 백색광으로 보이는 태양빛을 관측하여 태양 표면의 온도를 6천 도쯤으로 추정할 수 있는 것도 흑체복사 이론에 따른 것이다.

펜지어스와 윌슨의 우주배경복사 발견 이후 여러 연구팀들이 우주배경복사를 정밀하게 관측하는 실험을 하였다. 특히 스무트와 매더가 주축이 되어 진행한 COBE 실험은 우주배경복사가 절대온도 2.7K의 완벽한 흑체복사 성질을 보이고 있으며(그림 5) 우주 전체에 걸쳐 온도 분포가 거의 균일하지만 매우 작은 비율(약 10만분의 1)로 온도의 차이를 보이는 것을 발견하였다. 이 작은 온도의 차이는 우주 공간에서 지역별로 물질이 조금 더 많이 모여 있는 곳과 조금 적게 모여 있는 곳이 있음을 나타내며 물질이 조금 더 많이 모여 있는 곳은 그만큼 중력이 커져서 물질들이 모이기 시작한다. 그렇게 모인 물질들이 별을 만들고 그렇게 모여진 별들이 은하를 이루는 것이다. 그리고 빅뱅 이후 138억 년이 경과한 현재의 우주의 모습이 형성된다. 이와 같은 온도 분포를 최초로 관측한 스무트 박사는 이 발견을 '마치 하나님의 얼굴을 본 것과 같다'고 표현하며 감격하였다.

우주가 부르는 노래

세계적으로 유명한 테너 가수들인 루치아노 파바로티와 플라시도 도밍고, 호세 카레라스가 오페라 투란도트에 나오는 테너 아리아 네순 도르마(Nessun Dorma)를 부르는 것을 상상해 보자.[10] 세 사람이 정확히 같은 음을 연주하더

---

10) 실제로 1990년 이탈리아 월드컵 당시 파바로티, 도밍고, 카레라스가 함께 한 무대에서 공연을 한 것을 시작으로 '3테너 공연'은 2003년까지 이어졌고 세계적으로 클래식 음악계의 가장 유명한 행사가 된 바 있다. 우리나라에서는 2001년 6월 3테너 공연이 있었다.

라도 우리는 어느 것이 누구의 소리인지 쉽게 구별할 수 있다. 각 사람의 음색이 확연히 다르기 때문이다. 물리적으로 음색의 차이는 그 음이 지니는 배음의 차이에 기인한다. 사람의 목소리뿐만 아니라 모든 악기는 그 생김새와 재질에 따라 배음이 다르고 이는 그 악기의 고유의 음색으로 나타난다.

소리는 공기 중의 특정 영역이 팽창, 수축을 반복하며 이루는 파동이다. 이 파동은 공기의 밀도 또는 압력의 시간에 따른 변화로 나타낼 수 있다. 태초의 우주로 돌아가 보자. 우주 공간의 어떤 영역은 다른 부분보다 밀도가 높다. 밀도가 높은 부분의 물질들은 더 큰 중력으로 서로 잡아당기며 수축을 한다. 그런데 수축 과정에서 물질을 이루는 입자들 간에 전기적인 반발력이 커지게 되어 다시 팽창하려는 경향이 생기게 된다. 이와 같이 우주 공간의 특정 부분이 수축과 팽창을 반복하는 양상은 파동이 되어 우주로 퍼져가게 된다. 이것은 공기 혹은 다른 매질 안에서 소리의 파동이 형성되고 퍼져나가는 것과 원리가 같다. 말하자면 우주배경복사의 온도분포 패턴을 보는 것은 마치 우주가 부르는 노래소리를 들으며 우주의 음색을 파악하는 것과 비슷하다고 할 수 있겠다.

우주배경복사에 담긴 우주가 부르는 노래 소리도 당연히 배음을 품고 있다. 그리고 이 배음을 분석하면 우리 우주의 에너지 구성이 어떤 형태로 나타나고 있는지를 알 수 있다. 우주배경복사의 온도분포를 측정하고 분석한 가장 최근 결과인 플랑크(Planck) 실험 관측에 따르면 우리 우주는 약 5%의 물질(우리가 흔히 접하는, 양성자, 중성자, 전자의 결합인 원자로 이루어진 물질), 그리고 약 27%의 암흑물질과 약 68%의 암흑에너지로 이루어져 있다. 이것은 암흑물질의 존재를 나타내는 세 번째 증거라고 하겠다. 그런데 우리는 아직 암흑물질의 정체가 무엇인지, 암흑에너지는 또 무엇인지 모르고 있다.

암흑물질의 정체는?

햄릿이 옳았는가?

셰익스피어의 희곡 『햄릿』에서 햄릿은 아버지의 유령에 관해 친구 호레이쇼에게 말한다.

"호레이쇼, 세상에는 자네의 알량한 지식으로는 꿈도 꿀 수 없는 많은 것들이 있다네"

암흑물질에 관해 처음 듣는 사람들의 느낌도 유령을 대하는 호레이쇼처럼 당혹스럽지 않을까? 그러나 앞에서 살펴본 바와 같이 은하의 회전속도, 중력렌즈 현상을 이용한 관측, 우주배경복사의 온도 분포 등 많은 천체 관측 결과들이 암흑물질의 존재에 관해 여러 가지 증거들을 제시하고 있다. 우리가 알고 있는 원자로 이루어진 물질과는 뚜렷이 다른 성질을 갖는 암흑물질은 분명히 존재한다.

무엇보다 중요한 것은 암흑물질이 있기 때문에 해서 현재 우리 우주의 모습이 만들어질 수 있었다는 점이다. 학자들의 연구에 따르면 암흑물질이 없었더라면 빅뱅 이후 138억년의 시간은 현재 우리가 관측하는 우주의 형태를 이루기에는 턱없이 짧은 시간이라고 한다. 앞서 말한대로 물질 분포의 작은 차이로 인해 물질이 조금 많이 모인 곳에 작용하는 중력의 크기가 주변보다 조금 더 커서 더 많은 물질들이 그리로 모여들면서 별과 은하와 우주의 구조가 이루어진다. 그런데 암흑물질을 고려하지 않고 전자기파에 의해 관측되는 물질들의 양과 분포만으로 중력의 효과를 시뮬레이션해 보면 빅뱅 후 138억년이 지나도 현재와 같은 뚜렷한 우주의 구조는 만들어지지 않는다. 그러니까 암흑물질이야말로 우리 우주를 존재하게 하는 숨은 영웅이라고 할 수 있다.

암흑물질을 찾아서(DAMA, CUP, Xenon-1T, colliders)

암흑물질의 존재 증거가 그렇게 강력하다면 도대체 암흑물질의 정체는 무엇인가? 어디에서 암흑물질을 찾을 수 있는 것인가? 이러한 질문에 답을 하기 위해 많은 물리학자, 천문학자들이 암흑물질을 찾아 나섰으며, 암흑물질이 가지는 이론적 성질에 관해 더 자세히 연구해 왔다.

먼저 암흑물질을 찾는데 사용되는 반응들을 살펴보자.(편의상 암흑물질 입자를 χ로, χ의 반입자(anti-particle)를 $\bar{\chi}$로 표시하고, 우리가 알고 있는 일반적인 물질을 이루는 입자는 f로, f의 반입자는 $\bar{f}$로 표시하겠다.)

(1) $\chi\bar{\chi} \rightarrow f\bar{f}$: 암흑물질들끼리 충돌하여 쌍소멸 후 일반 물질이 만들어지는 반응이며, 암흑물질을 간접적으로 탐색하는 방법이다. 천체 현상(초고에너지 감마선, 고에너지 전자, 양전자 등)의 관측을 통해 분석할 수 있는 반응이다.

(2) $\chi f \rightarrow \chi f$: 암흑물질 입자와 보통 입자가 충돌 후 다시 제 갈길을 가는 반응이다. 두 개의 당구공이 충돌하듯이 서로 충돌 전후 입자의 정체성에 변화가 없이 지나가는 탄성충돌 반응이다. 대개 땅속 깊은 곳에 이와 같은 탄성충돌이 가능하도록 검출기를 설치하여 탐색한다.

(3) $f\bar{f} \rightarrow \chi\bar{\chi}$: 보통 물질을 이루는 입자와 반입자가 충돌하여 쌍소멸한 후 암흑물질 쌍이 생기는 반응으로 (1) 반응의 역반응으로 보면 된다. 입자 가속기를 사용한 충돌 실험에서 암흑물질을 탐색할 수 있는 반응이다.

암흑물질의 정체에 관해서는 여러 가지 가설들이 제시되고 있는데 그 중에 특히 입자물리학자들의 관심을 끈 것은 WIMP(weakly interacting massive particle의 약자) 가설이다. WIMP는 입자물리의 표준이론을 넘어서는 새로운 물리법칙의 유력한 후보로 여겨지는 초대칭 이론을 비롯한 여러 가설에 등장하는 입자로 입자물리의 여러 미해결 현안들을 해결해 줄 수 있을 것으로 기대되는 입자이며, 암흑물질의 후보로서도 유력하다.[11] 양양의 양수발전소의 지하 공간을 활용하여 CsI(세슘-아이오딘 화합물) 결정으로 구성한 검출기를 설치하고 진행한 암흑물질 실험인 KIMS 실험은 WIMP를 탐색하는 것이 주목적으로 2000년부터 시작하여 2006년에 첫 결과를 학술지에 발표하였고[12] 2012년까지 진행하였다.[13] 이후 기초과학연구원에 속한 지하실험 연구단(CUP)을 주축으로 한 한-미 공동연구팀이 같은 장소에서 NaI(나트륨-아이오딘 화합물) 결정을 사용한 COSINE 실험을 진행하였고 탐색 결과를 학술지에 발표하였다.[14] 이 연구들은 모두 위에 소개한 방법 (2), 즉 암흑물질 입자와 검출기 입자 사이의 탄성충돌을 분석하는 방법으로 진행한다.

WIMP 외에 암흑물질의 유력한 후보로 대두되는 입자에는 액시온(axion)이라는 입자가 있다. 현재 세계 여러 곳에서 액시온을 찾고자 하는 실험들이 진행되고 있다. 우리나라에서는 기초과학연구원에 속한 액시온 및 극한상호작용 연구단(CAPP)에서 액시온 탐색 연구가 진행되고 있다. 액시온은 두 개의 광자로 붕괴하는 성질을 가지고 있으며 이 성질로 인해 액시온이 강한 자기장 안에 들어가면 전자기파를 발생한다. CAPP에서 진행하는 액시온 탐색 연구도 강한 자기장을 이용해서 마이크로파 신호를 탐색하는 실험이다.

---

11) 그러나 CERN의 LHC를 사용한 실험에서 아직 초대칭 입자는 발견되지 않고 있다.

12) Lee, H. S. et al. (KIMS Collab.), *First limit on WIMP cross section with low background CsI(Tl) crystal detector*, Phys. Lett. B, 633, 201 (2006)

13) Kim, S. C. et al. (KIMS Collab.), *New Limits on Interactions between Weakly Interacting Massive Particles and Nucleons Obtained with CsI(Tl) Crystal Detectors*, Phys. Rev. Lett. 108, 181301 (2012)

14) Adhikari, G. et al. (COSINE-100 Collab.), A*n experiment to search for dark-matter interactions using sodium iodide detectors*, Nature 564, 83 (2018)

입자가속기를 사용한 입자충돌 실험은 본래 암흑물질 탐색이 주목적은 아니지만 만약에 암흑물질 입자가 존재한다면 입자충돌 시 발생하는 여러 반응들 중 위에 소개한 (3)과 같은 반응을 통해 검출될 가능성이 있다. 우리 나라 연구진이 참여하는 입자충돌 실험 중 벨(Belle) 및 벨(Belle)II 실험, 그리고 CMS 실험에서 이러한 연구가 진행되고 있다.

맺음말

천문학 및 천체물리의 여러 관측 사실들은 암흑물질의 존재를 강력하게 제시하고 있다. 그리고 빅뱅 이후 우주의 형성 과정을 분석해 보면 암흑물질의 존재는 필연적인 것으로 생각된다. 자연스레 암흑물질을 탐색하는 연구가 많은 물리학자들에 의해 행해지고 있으며 관련 이론 분야도 계속 발전하고 있다. 그러나 암흑물질을 발견하기 위한 많은 노력에도 불구하고 아직 암흑물질의 정체는 밝혀지지 않고 있다. 그렇지만 학문의 발전에서 언제나 그랬듯이, 이 의문들은 다가오는 세대의 이론 및 실험 물리학자들과 천문학자들의 치열한 연구에 의해 점차 밝혀지리라 생각하며 이 강연을 듣는 청소년들이 그 역할을 담당해 줄 것을 기대한다.

21세기 물리학자들의 행복한 고민

입자 물리학 표준 모형을 넘어서

21세기 물리학자들의 행복한 고민

– 입자 물리학 표준 모형을 넘어서

박성찬
물리학과 교수

프린스톤 고등연구소(Princeton Institute for Advanced Study)의 N. 아르카니-하메드 교수는 최근 한 인터뷰에서 "여태껏 이렇게 물리학을 연구하기에 좋았던 때가 없었다"라고 하였습니다. 입자물리학자인 그는 2012년 거대하드론충돌기(Large Hadron Collider, LHC)에서 힉스 입자가 발견되어 소위 표준 모형이라고 불리는 가장 정확한 물리학 이론이 완성된 이후, 새로운 물리학의 흔적이 당장 발견되지 않은 현재의 상황이 오히려 행운이라고 말하며, 야심찬 젊은 물리학자들의 용기를 불러 일으키는 말을 한 것입니다. 왜 그런 말을 한 것일까요? 대답을 위해 양자역학과 상대성 이론이 정립된 20세기 초반으로부터 대략 100년이 흐른 지금의 상황까지 살펴 보려고 합니다.

우선 양자역학의 정립은 인류에게 자연이 따르는 기본적 '불확정성'에 대해 알 수 있게 해주었습니다. 17세기 뉴턴에 의해 정립된 고전역학적 세계관에 따르면 공간에서 움직이는 입자의 운동을 어떤 특정 시간에 알고 있다면, 이후 아무리 긴 시간이 흘러도 어느 위치에서 어떤 속도로 움직이는지 알 수 있다고 합니다. 그런데 하이젠베르크 등에 의해 밝혀진 양자역학은 이것이 본질적으로 가능하지 않다고 말해줍니다. 즉, 입자의 위치와 움직임을 기술하는 운동량은 동시에 결정될 수 없다는 본질적인 한계가 있으며, 오직 확률적으로 미래가 결정된다고 말해줍니다.

불확정성 원리가 말해주는 또 다른 중요한 내용은 바로 짧은 길이의 물리학을 이해하기 위해서 높은 에너지가 필요하다는 것입니다. 실제로 빛을 이용해서 서로 다른 두 지점을 바라볼 때, 파장이 두 지점 사이의 거리 보다 더 길어지면 두 점이 구분되지 않으며 한 점으로 보이지만, 파장이 점점 짧은 빛을 이용하면 두 지점이 확연하게 구분되기 시작합니다. 그런데 더 짧은 파장의 빛은 더 높은 에너지를 가진 빛알에 해당하므로, 결국 더 높은 에너지를 통해서만 더 짧은 간격을 구분할 수 있다는 이야기가 되겠습니다. LHC에서 사용하는 에너지는 13조 전자볼트(13 Tera-eV)에 해당하며 이는 핵의 내부를 볼 수 있을 정도의 에너지에 해당합니다. 그래서 힉스 입자가 만들어지는 순간도 포착할 수 있었던 것입니다.

역사적으로 1900년대 초반 원자의 스펙트럼을 물리학자들이 연구하기 시작했는데요, 이 스펙트럼에 해당하는 에너지는 대략 10전자볼트 정도됩니다. 즉, LHC 에너지의 1조분의 1에 해당하는 작은 에너지이지만, 당시에는 최첨단이었던 것입니다. 이 에너지를 통해 원자 내부 구조에 대한 물리학이 이해되기 시작하였습니다. 하필 10전자볼트 정도의 에너지에서 원자 구조가 생기는 것은 실은 전자와 핵 사이에 전자기적 상호작용을 하기 때문인데요, 전자기적 상호작용의 세기를 결정하는 미세구조상수($\alpha \simeq \frac{1}{137}$)와 전자의 질량($m_e \simeq 0.51MeV$)으로부터 이 양을 계산할 수가 있습니다. 이 에너지를 원자모형을 이용하여 계산한 닐스 보어의 업적을 기려 보어의 에너지라고 부릅니다.

세월이 흘러 1970년대가 되면 인류는 대략 원자에너지보다 1억배 가량 큰 에너지 영역을 다룰 수 있게 됩니다. 따라서 원자보다 훨씬 작은 길이의 물리학을 연구할 수 있게 되었고, 핵의 구조를 볼 수 있게 되었습니다. 소위 강한 핵력이 이 에너지 영역을 결정짓는데요, 높은 에너지 혹은 짧은 길이에서 강한 핵력은 점점 약해지지만, 에너지가 낮아지면 그 세기는 점점 세어지며 핵을 이루는 입자인 쿼크들을 뭉치게 만들게 됩니다. 이 현상은 강한 핵력의 이론인 양자색소이론(QCD)을 통해 계산할 수 있습니다.

2020년 현재 LHC를 통해 인류가 도달하여 볼 수 있는 최소한의 길이는 대략 핵 크기의 만분의 일(1/10000) 정도가 됩니다. 이 정도의 짧은 길이의 현상을 통해 전자기력과 약한 핵력이 분화하는 순간의 물리학을 연구할 수 있게 되었습니다. 이 에너지의 물리학은 1933년 E. 페르미에 의해 처음 제시되었으며, 1970년대 이전 이미 와인버그와 힉스 등에 의해 이론적으로 정립되었습니다만 최근에 이르러서야 드디어 실제 실험을 할 수 있게 된 것입니다. 하지만, 앞서 말한 원자의 에너지 스케일과 핵의 에너지 스케일과 달리 표준모형의 에너지 스케일은 이론적으로 계산할 수는 없으며, 오직 관측을 통해 그 값을 알게 된 정도입니다. 과연 어떤 물리학이 이 계산을 가능하게 해줄지 현재론 누구도 모릅니다. 앞으로 100년 혹은 200년이 더 필요할지도 모릅니다.

또한 표준모형은 우주의 대부분의 물질을 설명할 수 없다는 것이 정밀한 우주 관측 실험을 통해 밝혀졌습니다. 소위 암흑물질과 암흑에너지라고 부르는

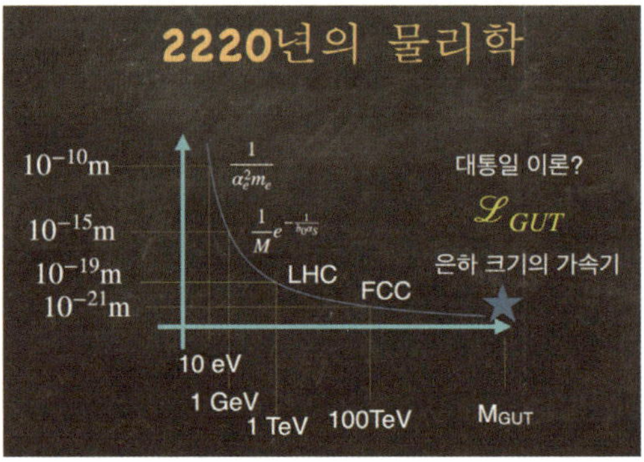

물질과 에너지 성분이 우주의 대부분을 차지하는데요, 표준 모형은 이에 대해 아무런 이야기도 해주지 못합니다. 이휘소 선생이 일찍이 제기하신 '무거운 중성미자' 혹은 '약하게 상호작용하는 무거운 입자(WIMP)'가 이론적으로 매력적인 암흑물질의 후보이지만, 그 존재를 찾는 실험들이 번번이 검출에 실패하여 아직 그 정체는 미스터리로 남아있는 상황입니다. 암흑물질을 밝혀내는 것이 물질의 최소단위를 찾는 모험의 끝일지는 아무도 모릅니다만, 이렇게 풀리지 않은 어려운 문제가 물리학자들을 머리 아프게 만들면서도 동시에 도전할만한 문제가 되어 기쁘게도 해주고 있는 상황입니다.

우주를 찾아서

우주를 찾아서

손 영 종
천문우주학과 교수

수많은 별들로 채워진 밤하늘, 이 광활한 우주 속에 지구는 매우 작은 하나의 행성에 불과합니다. 마치 눈에도 보이지 않는 미세한 먼지와 같아 보입니다. 그러나 이 작은 지구에서 살아온 우리 인류는 언제인지 모르지만 지구상에 존재하면서부터 자연과 광활한 우주에 대한 깊은 호기심을 가져온 것이 분명합니다. 그 호기심에 대한 마음속의 질문은 무엇일까요? "도대체 눈에 보이고 손에 느껴지는 내 주변의 물질들의 본질은 무엇인가?", "생명체, 즉 번식하고 자라며 일생을 갖는 이 생명체들이 갖고 있는 생명 현상의 본질은 무엇인가?", 그리고 "이러한 물질들과 생명들을 내포하고 있는 공간, 즉 이 광활한 우주의 본질은 또한 무엇인가?" 이러한 근원적인 질문들은 시대를 불문하고 인류에게 항상 존재하는 호기심의 대상이었음에 틀림없었을 것입니다. 오늘날 4차 산업 혁명 시기를 살고 있는 우리 역시도 이러한 질문을 필연적으로 갖고 있고 그에 대하여 궁금해 합니다.

우리가 밤하늘 우주를 바라보면 무슨 생각이 들까요? “이 광활한 우주의 시작과 끝은 어디일까?”, “우주의 끝은 어디일까?”, “별들은 왜 빛날까?”, “별들의 빛깔은 왜 서로 다르며, 별들의 밝기는 왜 다를까?”, “저렇게 많은 별들은 도대체 어떻게 생겨났을까?”, “저 별들에는 과연 무엇이 있을까?”, “혹시 우리와 같은 생명체는 없는 것일까?”, 그리고 “이 광활한 우주 속에 나는 어디쯤 있는 것이며, 나의 존재의 의미는 무엇일까?” 우리에게 드는 이와 같은 생각들은 결국 근원의 문제, 즉 “우주는 어떻게 생겨났고, 지금 우주의 모습은 어떤 것이며, 우주 속의 나는 무엇이며, 혹시 우주 속에 나와 같은 또 다른 생명체는 없는가?”라는 것으로 요약이 될 수 있습니다. 천문우주학은 인간의 우주와 나 자신에 대한 이와 같은 질문에 대하여 과학적 접근을 통하여 그 해답을 찾아가는 학문입니다.

우주론의 발달

우주론이란 인간이 과학적 지식에 근거하여 우주의 기원을 설명하고 이해하는 것이라고 할 수 있습니다. 인류의 과학적 지식이 발전하고 성장해 옴에 따라 우주론은 지속적으로 수정과 발전을 거듭해왔습니다. 지금은 빅뱅우주론이 인류가 현재 합리적으로 생각하고 있는 우주론입니다. 즉, 우주는 138억 년 전에 빅뱅이라는 에너지 폭발 현상에 의해 생겨났고, 지금까지 팽창을 지속해오고 있다는 것입니다. 그렇다면 현대의 빅뱅우주론에 이르기까지 인류는 우주를 어떻게 이해해 왔을까요?

고대 인류는 우주를 직관적으로 이해하고 그 신비로운 구조를 그려내려고 했을 것입니다. 즉, 둥근 하늘과 편평한 땅을 보았겠지요. 둥근 하늘에 있는 별들의 분포를 보고 별자리도 만들고, 그에 대한 재미있는 상상의 이야기도 만들었겠지요. 우리나라에도 견우성와 직녀성의 아름답고 애틋한 전설이 있지요. 그리고 밤하늘 별들의 움직임을 관찰하였을 것입니다. 밤하늘 별들은 모두 동쪽에서 서쪽으로 큰 원을 그리며 움직이고 있는 것을 보았을 것입니다. 그리고 계절에 따라 1년을 주기로 하여 주기적으로 밤하늘 별자리가 바뀌어 간다는 사실도 알았을 것입니다. 밤하늘에 보이는 달이 약 28일을 주기로 초승달, 반달, 보름달, 그리고 그믐으로 가는 것도 알게 되었을 것입니다. 낮에 보이는 태양도 매일 매일 동쪽에서 떠서 서쪽으로 지는데, 계절이 변함에 따라 높이가 주기적으로 달라진다는 사실도 알게 되었을 것입니다. 그래서 현명한 인류는 이러한 주기적인 변화를 잘 관찰하여 계절의 변화와 연결을 하였을 것입니다. 지금의 개념으로 하면 달력을 만들었을 것이라는 사실입니다.

그런데, 이상한 현상이 몇 개 발견됩니다. 가끔씩 태양이 사라지거나 일부가 가리는 일식이 일어납니다. 그리고 일식보다는 자주, 그러나 가끔씩 달이 사라지거나 일부가 가리는 월식이 또한 일어납니다. 그리고 정말 이상한 현상은 밤하늘의 밝은 5개의 별의 움직임이었습니다. 그 5개의 별들은 다른 수많은 별들과는 달리 밤하늘 별자리의 특정한 곳에 위치하지 않고 지속적으로 그 위치가 변한다는 것입니다. 이러한 별을 행성이라고 불렀고, 지금 우리는 이 5개의 행성들이 수성, 금성, 화성, 목성, 토성인 것을 알고 있습니다. 태양과 달, 5개 행성의 특이한 현상들, 그리고 그 외 수많은 별들의 움직임에 대한 자연과학적인 해석은 기원전 500년경 그리스 철학자들로부터 시작된 것으로 여겨집니다.

그리스 철학자들은 우주를 매우 정밀하게 관측하고 천체와 하늘의 움직임에 기하학과 수학을 적용하였습니다. 그리고 지구의 형태에 대하여 처음으로 둥근 구 형태의 지구를 제안하고 받아들였습니다. 즉 거대한 둥근 우주의 중심에 둥근 지구가 있고, 그 주변으로 태양과 달, 그리고 5개의 행성이 각자 자신의 둥근 천구를 가지고 그 천구를 운행한다고 생각하였습니다. 이러한 지구 중심의 우주 모형으로부터 천체와 하늘의 운행을 기하학적으로 설명한 것입니다. 그런데 이러한 모형이 천체의 움직임 모두를 설명할 수는 없었습니다. 예를 들면 행성의 역행 현상을 설명할 수 없었습니다. 화성을 관측해보면 움직임의 방향이 가끔씩 거꾸로 갔다가 다시 돌아오곤 하는데 이를 역행현상이라고 합니다. 그러나 지혜로운 그리스 과학철학자들은 이 문제를 해결해 냅니다. 드디어 기원후 100년경 프톨레마이오스는 주전원이라는 개념을 적용하여 행성의 역행 운동까지 포함한 지구 중심의 운동 체계를 기하학적으로 설명하였습니다. 이 체계는 훗날 기원 후 800년경 아랍어로 번역되어 『알마게스트』라는 책으로 출판되었습니다. 태양과 달, 행성, 그리고 별들의 움직임을 기하학과 수학적으로 완전하게 해결한 것입니다. 우리는 이를 지구 중심 천동설이라고 부릅니다.

〈그림 1〉 프톨레마이오스

우주와 자연계는 언뜻 보기에는 매우 복잡하고 다양해 보입니다. 그러나 단순성으로부터 어떻게 다양성이 나타나는 것인가에 대한 탐구가 철학과 자연과학의 핵심입니다. 복잡계의 근본은 단순해야한다는 것입니다. 프톨레마이

〈그림 2〉 코페르니쿠스

오스의 지구 중심 천동설은 주전원이라는 개념을 적용함으로써 그 기하학적 체계가 매우 복잡합니다. 1543년 코페르니쿠스는 이 복잡성을 해결하기 위해 태양을 우주의 중심으로 하는 지동설을 주장합니다. 오늘날 우리가 이해하는 바대로, 태양을 중심으로 수성, 금성, 지구, 화성, 토성, 목성이 공전하고 지구 주변으로 달이 공전하는 매우 단순한 체계입니다. 이 체계는 사실 기원전 260년경 아리스타르코스에 의해 주장된 바 있으나 받아들여지지 않았습니다. 코페르니쿠스의 이러한 발상 전환적 주장 역시 그에 대한 확실한 근거가 주어지지 않는 한 받아들여지기는 어려웠습니다. 그러나 인류 문명의 발전과 더불어 이에 대한 근거가 곧 드러납니다.

갈릴레이의 등장이 그 첫 시작입니다. 갈릴레이는 1609년 처음으로 자신이 발명한 망원경으로 우주를 관측합니다. 인류 역사상 처음으로 망원경을 활용하여 관측한 사람입니다. 갈릴레이는 은하수가 수많은 별들의 집합체라는 사실, 목성주변에 4개의 달이 돌고 있다는 사실, 토성에 띠가 있다는 사실, 달의 표면이 울퉁불퉁하다는 사실 등을 직접 관측합니다. 무엇보다도 금성의 관측을 통해 획기적인 사실을 확인합니다. 즉, 금성의 모양이 항상 둥글지 않고 마치 달처럼 그 형태가 바뀐다는 것입니다. 금성의 모습이 때로는 마치 반달 모양처럼 보이기도 한다는 것을 처음 본 것입니다. 이를 금성의 위상 변화라고 합니다. 이것은 지동설의 매우 중요한 증거입니다. 지동설에 의하면 금성은 지구보다 태양에 더 가까이에서 공전하며, 이러한 경우 기하학적으로 따져 보면 금성은 위상 변화를 보여야 한다는 것인데, 갈릴레이가 망원경으로 그 현상을 처음으로 확인한 것입니다. 과학적 검증을 통해 지동설이 받아들여질 준비가 된 것입니다.

이에 케플러와 뉴턴이 곧바로 가세합니다. 케플러는 화성의 위치에 대한 관측 자료를 활용하여 화성의 궤도를 찾아내고 태양을 중심으로 화성이 타원 궤도로 움직인다는 사실을 명확하게 밝힙니다. 태양 중심의 지동설에 대한 명백한 증거를 제시한 것입니다. 이때가 1610년입니다. 곧이어 1600년대 중반 뉴턴은 지동설에 대한 이론적 체계를 정립합니다. 즉, 만유인력이라는 새로운 힘의 개념을 도입하고, 기하학과 미분적분학을 적용하여 코페르니쿠스 지동설과 케플러의 타원궤도 운동을 완벽하게 증명합니다. 이는 1687년 『프린키피아』라는 책으로 출판되었습니다. 드디어 프톨레마이오스 이후 1500년 이상 지난 후, 천체와 별들의 운동에 대한 새로운 우주론, 즉 태양 중심의 지동설 체계가 완성된 것입니다. 이는 빅뱅 우주론으로 대표되는 현대 우주론에서도 적어도 태양계의 운동에 대해서는 지금도 똑같이 적용되고 있습니다.

1600년대 말 지동설이 확립되었음에도 불구하고, 당시의 우주론은 태양이 우주의 중심에 있다는 것이었습니다. 즉, 태양이 중심에 있고 5개의 행성들이 태양 주변을 돌고 있으며, 매우 먼 거리에 밤하늘의 별들이 무한히 존재하며, 또한 우주는 무한하다는 것이었습니다. 이와 같은 사실은 1900년대 초까지 받아들여집니다. 1800년대 초 영국의 천문학자 윌리엄 허셸과 여동생 캐롤라인 허셸, 그리고 아들 존 허셸은 별들의 분포를 연구하여 태양이 우주 공간의 중심에 위치하고 있다고 주장하였으며, 또한 1920년대 네덜란드 천문학자 캡타인 역시 유사한 결론에 다다릅니다. 그러나 미국의 천문학자 섀플리는 구상성단이라는 천체의 위치와 분포를 관측하여 전혀 새로운 결과를 발표합니다. 구상성단은 수십만 개의 별들이 둥근 공 모양으로 모여 있는 천체입니다. 즉, 구상성단의 분포로부터 추론하여 볼 때, 태양은 우리 은하의 중심에서 약 5만 광년 떨어져 있는 변방에 존재한다는 것이었습니다. 태양이 중심에 있지 않다는 사실이 처음으로 주장된 것입니다.

〈그림 3〉 허블. 1948년 2월 9일자 타임지 표지

여기에 또 하나의 획기적인 관측 결과가 나옵니다. 바로 외부 은하의 관측입니다. 1920년대 천문학자들 사이에는 논쟁이 있었습니다. 그 주제는 성운의 크기와 거리에 대한 논쟁이었습니다. 성운은 밤하늘의 천체들 중 별들과는 달리 뿌옇게 관측되며 형태도 일정하지 않게 관측되던 작은 이상한 천체였습니다. 논쟁의 내용은 간단합니다. 실제로 작은 것이냐, 아니면 매우 큰 것이지만 너무 멀리 있어서 작게 보이냐는 것이었습니다. 만약 너무 멀리 있어서 작게 보이는 것이 사실이라면, 우리 우주의 크기가 당시의 생각보다 어마어마하게 커야한다는 결론을 내려야 하는 중대한 사안이었습니다. 1920년대 미국의 천문학자 허블이 이 문제를 거뜬히 해결합니다. 허블은 당시 세계 최고의 윌슨산 천문대 망원경을 활용하여 안드로메다 성운을 비롯한 약 30개의 성운들을 정밀 관측하여 그 안에 있는 매우 미세한 별들을 분해하여 밝기를 관측하는데 성공합니다. 빛의 밝기는 거리의 제곱에 반비례한다는 사실을 적용해서 이들

의 거리를 측정합니다. 놀랍게도 그 중 가장 밝은 성운이었던 안드로메다 성운의 거리가 무려 300만 광년 떨어져 있으며, 다른 성운들은 그보다 더 멀리 떨어져 있다는 사실을 밝힌 것입니다. 그 이후 우리는 이들을 성운이라고 부르지 않고 외부 은하라고 부릅니다.

허블은 여기에서 만족하지 않고 더욱 진보된 관측을 시도하였습니다. 즉, 이 은하들에 대한 운동 속력을 측정합니다. 놀랍게도 이 모든 은하들이 우리로부터 멀어진다는 사실을 알게 되었으며, 더욱이 우리로부터 거리가 멀수록 멀어져가는 속력은 더 커진다는 사실을 확인한 것입니다. 그리고 이와 같은 사실로부터 우리는 우주의 중심에 있지 않을 뿐만 아니라, 우주가 팽창을 한다는 논리를 제시한 것입니다. 팽창하는 우주의 개념은 곧 우주의 범위가 유한하다는 결론으로도 연결이 됩니다. 이는 그 동안 받아들였던 무한한 우주, 그리고 정적인 우주에 기초한 우주의 기원에 대한 생각을 통째로 흔드는 결과였습니다. 허블의 이러한 획기적인 관측에 대하여, 1948년 러시아 출신 미국의 천체물리학자 조지 가모브는 아인슈타인의 상대성 이론에 기초하여 빅뱅우주론을 발표합니다. 현대 우주론을 대표하는 빅뱅우주론이 탄생한 것입니다. 그 이후 지금까지 수많은 천문학자들의 우주 관측과 연구를 통해 빅뱅 우주론을 검증하여왔고, 이로부터 우리는 우주는 138억 년 전 우주의 시작점에서 대폭발 빅뱅 현상이 일어났고 이때의 빅뱅 에너지로 현재까지 팽창해오고 있다는 사실을 받아들이고 있는 것입니다.

우주 시간의 역사

빅뱅 이후 138억 년 동안 우주가 팽창해 왔다면, 우주의 특성 또한 지속적으로 변화해 왔다고 추론할 수 있습니다. 공간이 팽창하면 온도와 압력이 그에 따라 달라질 것이며, 그에 따라 그 공간 속에 존재하는 물질의 특성 또한 변화해왔을 것입니다. 이제 현대 빅뱅 우주론이 과학적으로 제시하는 우주 138억년 시간의 역사를 간략하게 따라가 보겠습니다.

빅뱅 이전, 그리고 빅뱅의 순간에 대해서는 많은 의문이 있습니다. 빅뱅 이전의 시공간에 대해서는 우리는 어떠한 정보도 갖고 있지 않으며 따라서 어떠

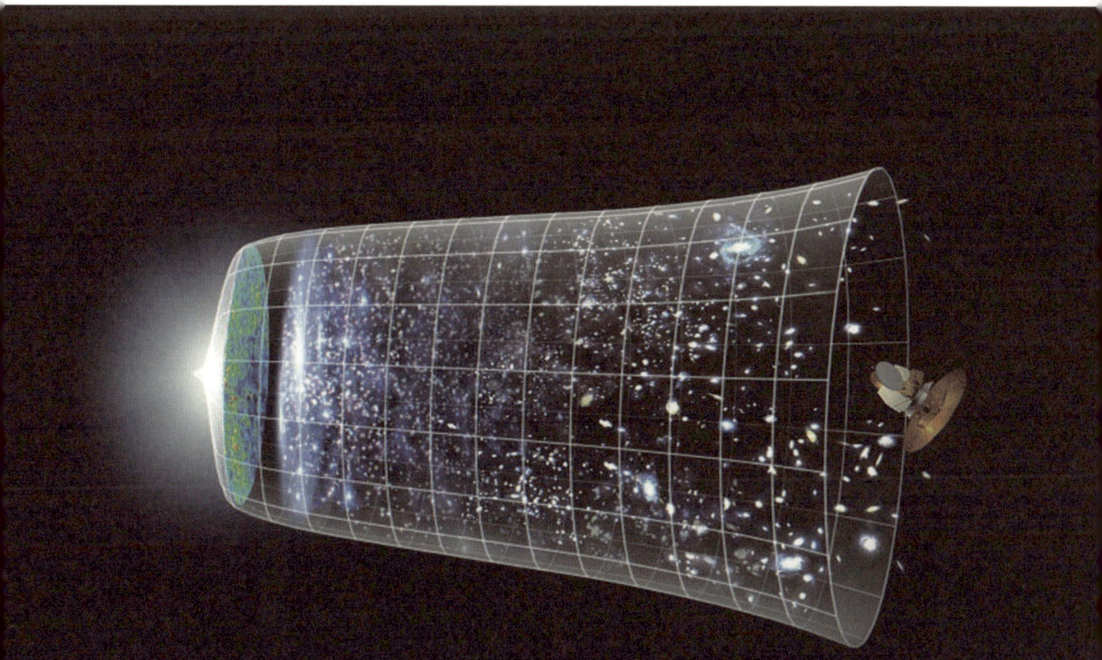

〈그림 4〉 우주의 팽창 모식도

한 과학적 추론도 불가능 합니다. 다만, 빅뱅의 순간에 대한 이론적 근거는 불확정성 원리로 이해하고 있습니다. 불확정성 원리는 1930년대 독일의 천체물리학자 하이젠버그에 의해 제시된 양자 역학의 기초 이론입니다. 즉, 에너지와 시간은 동시 측정이 불가능하며 상호 최소한의 불확정성이 존재한다는 것입니다. 시간적으로 최소 10^{-43}초 이전, 공간적으로는 최소 10^{-33}센티미터, 이러한 시간과 공간의 불확정성에 해당하는 불확정적 에너지가 존재할 수 있다는 것이며, 이 상태가 바로 빅뱅 이전의 시점인 것이며, 이 시간과 길이를 플랑크 시간과 플랑크 길이라고 부릅니다. 그리고 이 불확정적 에너지가 순간적으로 막대한 에너지를 내며 시공간이 확장되는 순간이 바로 빅뱅의 시작 시점인 것입니다.

플랑크 시간 직후 10^{-34}초의 찰나에 이르는 순간을 대통일 이론 시대라고 부릅니다. 이때는 시공간의 모든 힘이 하나의 형태로 존재하는 것으로 봅니다. 그 이후 10^{-32}초에 이르는 매우 찰나의 순간에 급팽창 현상이 일어납니다. 즉, 이 극한의 짧은 시간에 우주의 크기가 10^{300}배 이상 급격히 커진다는 것인데, 그래도 커봐야 실제 크기는 50원짜리 동전 크기 정도입니다. 이 순간은 100미터 달리기 선수가 마치 출발선을 박차고 일어나는 것과 같으며, 우주의 향후 팽창에 대한 모든 초기 조건을 완전하게 이루게 됩니다. 이때 우주 최초의 입자들이 만들어지는데, 이를 예측한 힉스는 2013년 노벨물리학상을 받은 바 있습니다.

급팽창 직후 10^{-4}초 까지 양성자, 중성자등이 생성되고, 그 이후 우주의 나이 10초에 이르는 동안 공간 온도는 약 100억 도가 되며 이때 전자들이 생성됩니다. 그리고 약 3분간의 시간이 흐르는 동안 수소원자의 핵인 양성자와 중성자의 핵융합으로 헬륨원자의 핵인 알파입자가 합성되는데 이 기간을 핵합성 시기라고 부릅니다. 이때 우주 공간에서의 양성자와 알파입자의 비율은 각각 76%와 24%가 되는데, 이는 우주의 평균 수소 대 헬륨 비율과 일치합니다.

초기 우주의 팽창이 지속되어 약 38만 년의 나이에 이르면 우주의 온도는 3,000도까지 내려갑니다. 그리고 원자핵들이 전자와 결합하면서 수소원자와 헬륨원자를 만들면서, 그동안 입자들과 함께 섞여있던 빛들이 입자로부터 분리되어 우주 공간으로 자유롭게 퍼져 나갑니다. 이러한 상태를 분리 시기라고 부릅니다. 이때 공간으로 흩어져 나간 빛은 우주의 팽창과 더불어 점점 파장이 길어지게 되며, 현재의 우주에서 우주 공간을 가득 채우는 우주 배경복사로 관측이 되고 있습니다. 분리 시기 이후 4~5억 년에 이르는 동안 우주는 수소 및 헬륨 원자들과 빛을 포함한 채 조용한 팽창을 지속합니다.

우주의 나이 4~5억 년의 시점에 이르러 드디어 최초의 별들이 형성되기 시작합니다. 이때는 물질들이 수소와 헬륨 원자 밖에 없으므로 최초의 별들은 수소와 헬륨 만으로 이루어져 있을 것입니다. 이때 생긴 거대한 크기의 별들의 내부에서 핵융합이 급격히 진행되어 수소와 헬륨이 아닌 중원소를 만들고, 이 별들은 수백만 년 이내 초신성 폭발 현상과 더불어 사라지게 됩니다. 우주의 입장에서는 공간에 새로운 중원소들이 추가된다는 뜻입니다. 이제부터는 공간에 섞여있는 중원소들을 포함한 물질들로 별들이 만들어지게 되겠지요. 그리고 질량이 큰 별들은 이내 또 중원소들을 만들고 초신성 현상을 겪으며 우주 공간으로 흩어지게 되겠지요. 시간이 지남에 따라 우주 공간에는 중원소들이 점점 늘어나게 될 것이고, 그로부터 별들의 생성과 사멸이 반복되며 2세대, 3세대의 별들이 계속 형성됩니다.

드디어 우주의 나이가 약 90억 년이 된 시점에 이르러 우리 은하 안에서 태양이 형성되고 행성들이 만들어졌습니다. 지구도 이 시점에 만들어진 것입니다. 이때까지의 우주의 역사를 되돌아보면 지구상에 있는 수소와 헬륨을 제외한 모든 물질은 결국은 지구가 생기기 이전에 생성되고 사멸한 어떤 별이 만들어낸 것들이라는 결론에 도달합니다. 우리 몸을 이루고 있는 물질들도 결국은 별이 만들어낸 물질이라는 것이지요. 그래서 우리를 우주의 역사를 온 몸에 담고있는 초신성의 후예라고 부르기도 합니다.

지금으로부터 약 25년 전, 천문학자들은 전혀 새로운 우주의 현상 하나를 발견합니다. 즉 우주의 가속팽창 현상이 그것입니다. 우주의 나이가 약 65억 년이 이른 후, 우주의 팽창 속력이 갑자기 증가하며 그 이후 우주는 가속적인 팽창을 한다는 것입니다. 이를 처음 관측한 세 명의 천문학자, 즉 펄머트, 슈밋, 리스는 2011년에 노벨 물리학상을 수상하였습니다. 이러한 관측에도 불구하고 아직까지 우주의 팽창을 느닷없이 가속 시키는 이 에너지의 원천에 대해서는 알지 못합니다. 그래서 이를 암흑에너지라고 부릅니다. 암흑에너지 존재 유무에 대해서 현재까지도 천문학자들 사이에서 많은 논쟁이 진행되고 있으며, 암흑에너지의 정체를 밝히는 것은 현대 과학의 최대 난제인 것이 틀림없습니다.

우주의 관측적 특성

우주 시간의 역사는 과거의 역사입니다. 우주의 과거를 어떻게 알 수 있는가라는 질문을 자주 받습니다. 우주의 과거 상태를 확인하는 것은 빛의 원리를 이용하면 그리 어렵지 않습니다. 빛의 속력은 일정합니다. 초속 약 30만 킬로미터를 달리는 속력입니다. 우리가 우주를 바라보면 수많은 별들이 보입니다. 어떤 형태로 보이는지요? 바로 빛으로 보입니다. 별들은 우리로부터 멀리 떨어져 있습니다. 별에서 나온 빛이 우리 눈에 도착하려면 시간이 걸린다는 이야기입니다. 태양을 제외하고 우리로부터 가장 가까운 별은 프록시마라는 별입니다. 우리로부터 4.2광년의 거리에 있으며 이는 약 40조 킬로미터에 해당됩니다. 광년은 빛이 1년간 갈 수 있는 거리를 말합니다. 오늘 우리가 프록시마로부터 보는 빛은 사실상 4.2년 전 프록시마를 출발한 과거의 빛인 것입니다.

밤하늘에 보이는 모든 별들의 빛은 과거의 빛입니다. 10억 광년 떨어진 은하들의 빛을 분석하면 10억 년 전 우주의 특성을 알 수 있을 것이며, 50억 광

〈그림 5〉 프록시마. 가장 가까운 별 / NASA

년, 100억 광년 떨어진 천체들의 빛을 분석하면 그 당시 우주의 특성을 이해할 수 있는 힌트를 많이 찾을 수 있습니다. 그래서 천문학자들은 크고 정밀한 망원경과 특수한 빛 검출기를 만들어 먼 우주에 있는 천체들의 빛을 관측하고 분석합니다. 빛의 형태는 우리가 눈으로 확인하는 가시광선 이외에도 파장의 크기에 따라 적외선, 전파, 자외선, 엑스선, 감마선 등이 있습니다. 그래서 천문학자들은 심지어 지구 대기권 밖 우주 공간에 인공위성 망원경을 띄워 다양한 파장에 걸쳐 먼 우주의 천체들을 관측하고 분석합니다. 이러한 과정을 통해 우리는 우주의 과거 시간의 역사에 대한 더욱 풍성한 정보를 얻을 수 있고, 이로부터 우주의 과거 특성을 과학적으로 추론할 수 있는 것입니다.

우리가 오늘밤 밤하늘의 수많은 별들을 바라본다는 것은 지금 이 순간의 우주를 본다는 것이 아닙니다. 바로 우주 138억 년의 과거의 모든 역사가 모두 담겨져 있는 시간의 파노라마를 한순간에 보고 있다는 것이 됩니다. 현재라는 정보는 우주를 바라보는 나 자신이 유일한 것입니다. 빛으로 보이는 모든 천체와 사물은 나에게는 모두 과거의 정보인 것입니다. 우주 역사를 간직하고 있는 수많은 천체들은 과연 우주 공간 속에서 어떠한 일생을 살아가고 있는 것일까요?

밤하늘의 별들을 보면 사람들은 누구나 광활함과 경외감 그리고 심연의 적막하고 고요한 느낌을 가지게 됩니다. 가끔씩 휑하니 떨어지는 별똥별 외에는 그 어떠한 극적인 움직임이 없어 보입니다. 그러나 실제 우주 속의 천체들은 매우 역동적으로 움직임을 합니다. 우리 지구만 해도 그렇습니다. 초속 수백 미터의 속력으로 자전하고 초속 수십 킬로미터의 속력으로 공전을 합니다. 태양 또한 그렇습니다. 초속 수백 킬로미터의 속력으로 우리은하 주변을 공전합니다. 다른 별들은 어떨까요? 역시 초속 수백 킬로미터로 어디

론가 향해 움직입니다. 은하들 역시 초속 수천 또는 수만 킬로미터의 속력으로 운동을 합니다. 이 모든 별들과 은하들을 품고 있는 우주 그 자체도 팽창을 하며 움직입니다. 우주에는 역동적으로 움직이지 않는 천체가 정말 하나도 없습니다.

오늘의 밤하늘은 어제의 밤하늘과 같이 변함이 없어 보입니다. 모든 별들은 수년 전이나 지금이나 그 특성이 전혀 변함이 없는 것 같이 보입니다. 그러나 실제로는 그렇지 않습니다. 모든 별들은 내부에서 극렬한 핵융합 과정을 거치며 새로운 물질을 만들어 나가고 빛을 생산하여 발산합니다. 그 과정 속에서 자신의 특성을 끊임없이 변화해 나갑니다. 그리고 주어진 일생을 살아가다가 때가 되면 신성 또는 초신성으로 폭발하면서 사라집니다. 일순간도 변화하지 않는 별은 없습니다.

우리의 별 태양도 마찬가지입니다. 오늘의 태양은 어제의 태양과 변함이 없어 보이지만, 실제 태양은 끊임없이 변화합니다. 현재 태양의 질량은 대략 2×10^{30}킬로그램 정도로 추정되며 이는 지구 질량의 약 33만 3천 배 정도입니다. 그러나 태양의 질량은 계속 감소하고 있습니다. 태양 중심에서 핵융합을 통해 일부 질량이 빛으로 전환되어 궁극적으로 태양으로부터 발산됩니다. 또한 태양 표면 폭발 현상으로 물질들이 우주 공간으로 분출되기도 합니다. 약 50억 년 후 언젠가 태양 내부의 핵융합이 더 이상 일어나지 않게 되면 태양도 폭발 현상을 거치며 사라지게 될 것입니다.

별들의 일생을 천문학적으로 이해하는 것은 그리 어렵지 않습니다. 우주에 존재하는 수많은 천체들 중에는 별이 막 형성되는 모습을 포함하고 있는 성운

〈그림 6〉 초신성 잔해 게성운 / NASA

들도 매우 많고, 지금 막 빛의 발산을 시작한 새로운 별들도 많이 관측됩니다. 그리고 태어난 후 수억 년, 수십억 년의 시간을 살아가고 있는 별들도 많습니다. 때로는 최후의 순간을 맞이해서 신성 또는 초신성 폭발을 일으키는 별들도 많이 있습니다. 이러한 별들을 정밀하게 관측하고 그 빛의 특성을 분석하면, 별들이 어떻게 생겨나서 어떻게 살아가다가 어떻게 최후의 순간을 맞이하는지 과학적 추론을 할 수 있는 것입니다.

밤하늘 우주 속의 별들과 은하들은 언뜻 보기에는 외로이 혼자 살아가고 있는 것처럼 보입니다. 그러나 사실 모든 천체들은 상호 유기적인 관계 속에 살아갑니다. 어떤 별들은 쌍을 이루고 살아가기도 하고 또 어떤 별들은 몇 개의 별들과 어울려 살아갑니다. 또한 수천 개의 별들이 모여 살아가고 수십만 개의 별들이 모여 살아가는 성단의 형태도 많이 관측됩니다. 우주의 근간을 이루는 은하들은 수천억 개의 별들이 모여 살아가며, 별들은 은하 속에서 탄생과 소멸을 반복해 나가고 있습니다. 은하들 또한 마찬가지로 은하단이나 초은하단을 이루고 함께 살아갑니다.

우주 속에는 별과 은하와 같이 눈에 보이는 물질이 전부가 아닙니다. 직접 빛으로 관측되지는 않지만, 그러나 여러 형태로 그 존재가 확인되는 물질들이 많이 있습니다. 이를 암흑 물질이라고 부릅니다. 지금까지의 연구에 의하면, 우주 속에 존재하는 암흑물질의 양은 관측되는 물질의 양에 비해 약 5.5배는 더 많이 있는 것으로 추정되고 있습니다. 이러한 암흑 물질을 포함하여 우주 속의 모든 천체와 물질들은 우주 공간 전체를 통틀어서 거대한 구조를 이루며 상호 작용을 통해 어울려 살아가고 있습니다.

우주와 생명

우주의 기원과 더불어 우리가 우주에 대해 가장 관심을 갖는 분야는 우주 속의 생명 문제입니다. 우주에는 생명이 존재합니다. 바로 나 자신이 생명체이기 때문입니다. 지금으로부터 약 50억 년 전에 태양이 탄생하고 곧이어 지구를 포함한 행성계가 형성되었을 것입니다. 그리고 언제인지 모르겠으나 어느 순간 지구상에 생명체가 출현하였습니다. 생명체 출현의 기원은 여전히 오리무중입니다. 그리고 오늘 이 순간 우리 자신이 인간의 모습으로 우주 속의 생명체로 존재하고 있습니다. 그렇다면 우리 우주 공간 속에는 우리와 같은 또는 우리와 유사한 생명체 존재의 가능성은 없는 것일까요?

현재까지 천문학적 관측 결과에 의하면 우주 속에는 수천억 개의 은하들이 있다고 알려져 있습니다. 그리고 각각의 은하에는 또한 수천억 개의 별들이 태어나서 살아가고 있습니다. 이렇게 수많은 별들 중에는 우리 태양과 유사한 별들 또한 많을 것입니다. 그러한 별들 중에는 지구와 같은 행성들을 거느리고 있는 것들 또한 있을 것입니다. 그렇다면 우주 시간의 역사를 통해 지구와 특성이 유사한 행성들의 존재 가능성은 쉽게 가늠할 수 있을 것입니다. 그러한 행성들 속에 지구 생명체와 유사한 생명체가 존재할 수 있는 가능성은 얼마든지 있다고 여겨질 수 있습니다. 과연 있을까요?

인류의 과학 기술의 진보와 더불어 1960년대에 접어들면서 외계 생명체 또는 문명체를 찾기 위한 적극적인 노력이 시작되었습니다. 전파 망원경을 활용하여 외계 천체를 향해 직접 전파 신호를 보내기도 하였고, 또한 생명체를 이루는 유기물질을 확인하기 위한 관측도 시도되었습니다. 생명체의 재료가 되는 유기물질들은 수없이 많이 발견되었고 지금도 관측하여 확인되고 있습니다만, 사실 아직까지 외계 생명체의 존재를 확인할 수 있는 직접적인 증거는 없습니다.

우주 왕복선, 우주 탐사선 등의 개발과 더불어 태양계 내의 생명체 탐사는 지난 60여 년간 매우 적극적으로 진행되어 왔습니다. 1969년에는 최초의 유인 달 탐사선인 아폴로 탐사선이 달 착륙에 성공하였습니다. 1970년대에 이르기까지 파이오니어, 보이저 등 많은 태양계 우주 탐사선들이 태양계 행성들을 탐사하였습니다. 1990년대에는 패스파인더라는 탐사선을 화성 표면에 착륙시켜 화성의 표면을 직접 확인하기도 하였습니다. 2000년대 들어서도 스피리트, 오퍼튜너티, 인사이트, 퍼스비어런스 등의 로버들을 화성 표면에 착륙시켜 직접 탐사를 진행하였습니다. 인류의 기술이 적용될 수 있는 현재의 한계인 태양계 내의 생명체 탐사에 대한 이러한 노력은 세계 각국에서 지금도 활발히 이어지고 있습니다.

생명체 존재에 대한 이와 같은 직접적인 탐사 노력뿐만 아니라, 생명체 존재의 가능성이 있는 외계 행성계 탐사 연구도 활발히 진행 중입니다. 천문학자

〈그림 7〉 인사이트 화성 탐사선 / NASA

들은 2009년 케플러라고 불리는 우주 망원경을 우주 궤도에 올려 외계 행성계 탐사를 체계적으로 추진한 바 있으며, 이 노력의 결과 약 2,000개의 외계 행성을 찾아내는 성과를 거두기도 하였습니다. 우리나라의 경우도 한국 천문 연구원을 중심으로 KMTNet이라고 불리는 외계행성 탐색 시스템을 갖추고 외계 행성 탐사를 진행하고 있습니다. KMTNet은 직경 1.6m 크기의 거울을 장착한 광시야망원경을 칠레, 남아프리카공화국, 호주 등 3개 국가의 관측소에 설치하여 우주를 관측함으로써 외계행성을 탐색하는 시스템을 말하며, 매년 백여 개 이상의 외계행성을 발견할 수 있을 것으로 기대하고 있습니다.

이와 같은 우주 생명체에 대한 인류의 탐사노력의 결과, 지구와 유사한 외계 행성계의 발견은 많이 이루어졌고 앞으로도 큰 성과가 기대됩니다. 그러나 사실 외계 생명체 존재에 대한 확실한 증거는 아직까지 전혀 없습니다. 다만 인류의 외계 생명체 존재에 대한 근본적인 호기심이 지속되는 한, 인류 문명의 발전과 더불어 외계 생명체 탐사에 대한 노력은 더욱 활발히 진행될 것입니다.

맺음말

우주가 어디에 있는가를 질문하면 대부분의 사람들은 하늘 저 멀리를 향해 손가락을 가리킵니다. 그러나 우주는 그곳만이 아닐 것입니다. 나 자신이 있는 이곳도 우주의 한 부분이며, 우리 자신은 우주의 한 곳에 존재하고 있는 것입니다. 우리는 우주 속에서 살아가는 우주의 생명체입니다. 우리 몸을 이루는 물질은 모두 우주로부터 온 것입니다. 따라서 우리는 우주의 역사를 한 몸에 지니고 있는 소중한 존재입니다.

우리가 자신에게 끊임없이 질문하는 근본적 질문이 무엇인가요? 바로 “나는 어디로부터 왔는가?” 그리고 “지금 나의 존재의 의미는 무엇인가?”라는 근원의 문제입니다. 우주 속에 살아가는 우리는 우리의 근원을 우주로 이해할 수 있어야 할 것입니다. 오늘 이 순간의 나를 소중한 생명체로 있게 하기 위해 우주는 빅뱅 이후 138억 년 시간의 역사를 이어왔다고 볼 수 있을 것입니다. 그리고 지금 이 순간 나 자신이 존재함으로써 우주의 존재가 완성된다고 볼 수 있습니다.

어쩌면 과거에도 그래왔듯이, 미래에는 지금 우리가 이해하고 있는 우주의 기원에 대한 과학적 지식이 전혀 새로운 개념으로 바뀔지 모릅니다. 그럼에도 불구하고 인류의 우주에 대한 근원적 호기심은 인류 역사를 통해 멈춘 적이 없습니다. 과학 기술 및 지식의 진보와 함께 우주의 기원에 대한 인류의 연구는 앞으로도 계속될 것입니다.

기후 변화의 원인과 예측

기후 변화의 원인과 예측

안순일
대기과학과 교수

지구 탄생부터 현재까지 지구의 기후는 끊임없이 변화해 왔다. 이러한 변화를 유도한 원인으로는 자연적 원인과 인위적 원인을 들 수 있다. 자연적 원인으로는 대규모 지각변동, 지구 공전 운동의 변화, 태양 활동의 변화등을 들수 있다. 자연적 기후 강제력의 변화는 온실지구(Greenhouse Earth)와 냉실지구(Icehouse Earth)를 오가는 변화를 유도하였으며, 이러한 기후 상태의 전환은 수십만~수백만 년의 시간을 두고 매우 천천히 이루어져왔다. 그러나 인류의 등장은 기후에 급격한 변화를 야기시켰다. 농사기술의 발견으로 수렵/이동 생활에서 정착 생활을 시작한 인류는 잉여 노동력을 통해 문명을 발달시키는 계기가 됐으며, 한편으로는 인구의 증가와 더불어 거대한 농경지의 확장를 초래함으로써 인류 최초의 인위적 기후변화를 유도했다. 이후 과학기술의 발달로 촉발된 산업혁명은 화석연료라는 새로운 에너지를 대량으로 사용하게 됨으로써 인류의 번성과 도약을 이끌었지만, 지금껏 자연에서 관측된 적 없는 매우 급격한 기후 변화를 초래하고 있다. 그러므로 지금 당장 에너지의 소비 형태를 바꾸지 않는다면 인류는 결국 돌이킬 수 없는 기후 재앙을 맞이하게 될 것이다. 여기서는 자연적 그리고 인위적 기후 변화의 원인과 그 작동원리에 관하여 소개하고, 미래 기후 변화를 예측하기위한 노력에 대하여 논하고자 한다.

에너지 평형이란 무엇인가?

기후 변화를 이해하기 위해서는 먼저 에너지 평형이 무엇인지 알아야 한다. 태양은 매순간 $3.86\times10^{26}W$라는 막대한 양의 에너지를 방출하고 있으며, 이로부터 1억5천만㎞ 떨어져 있는 지구 대기는 단위면적당 $340Wm^{-2}$의 에너지를 받고 있다. 이때 지구가 동일한 만큼의 에너지를 우주 밖으로 방출하지 않는다면, 지구의 온도는 계속 상승하여, 결국 잿더미로 변해 우주로 흩어질 것이다. 그러므로 지구의 온도를 일정하게 유지하기 위해서는 태양으로부터 받은 에너지 만큼, 우주 밖으로 에너지를 방출해야 한다.

이 같은 지구의 에너지 평형을 그림 1과 같은 수조(water tank)를 이용하여 개념적으로 접근해 보자. 먼저 수조에 물을 공급하는 수도 꼭지(A)를 열고, 수조에 연결된 꼭지는 닫은 상태로 유지하면, 수조의 물은 넘쳐버리고 말 것이다. 이는 지구가 에너지를 방출하지 않는 것과 같은 경우이다. 이번에는 위 실험과 동일한 조건에서 수조에 연결된 꼭지(B)를 열어보자. 이때는 수조의 물이 어느 정도 증가하다가 멈춘 상태가 된다. 이 상태는 위에서 내려오는 물의 시간당 공급량과 수조 밖으로 빠져나가는 물의 시간당 방출량이 같아지는 경우에 해당한다. 즉 평형상태(수조 물의 높이가 일정하게 유지되는 상태)에 이른 것이다. 그렇지만 물의 흐름은 멈춘 것이 아니고, 끊임없이 공급되며, 또 끊임없이 빠져나간다.

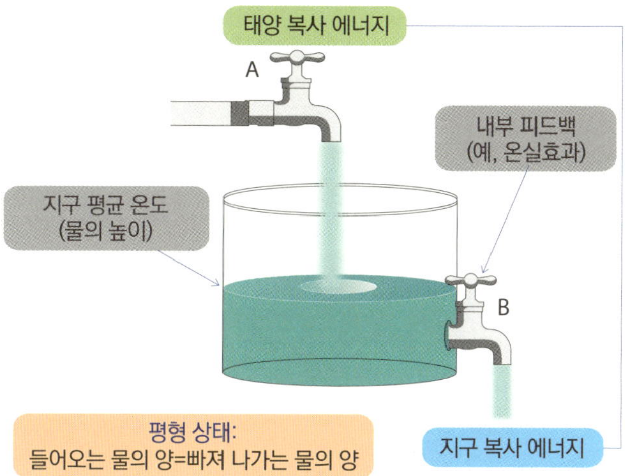

〈그림 1〉 에너지 평형에 대한 모식도

그렇다면 수조의 높이를 조절하는 것은 무엇인가? 첫째는 물의 공급량(꼭지 A의 열림 정도)이다. 이는 기후를 변화시키는 기후 강제력에 해당한다. 둘째는 물의 방출량(꼭지 B의 열림 정도)이다. 이는 기후 시스템의 피드백에 해당한다. 예를 들면 온실가스가 이에 해당한다. 즉 온실가스의 증가는 꼭지 B를 좀 더 잠그는 것을 의미하다. 꼭지 B가 잠겨진 상태에서 물의 시간당 공급량과 시간당 방출량이 같아지기 위해서는 수조 안 물의 압력이 높아져야 하기 때문에 물 높이가 상승해야만 한다. 즉 지구 평균 기온이 상승해야만 한다. 이렇게 물의 높이가 상승한 후 다시 새로운 평형상태에 이르게 된다.

기후를 변화시키는 요인은 무엇인가?

앞서의 개념 모형에서 지구평균기온의 변화를 유도하는 요인으로 기후강제력과 내부 피드백을 언급하였다. 여기서 기후 강제력은 기후시스템에 가해지는 외력으로서 기후시스템에 영향을 주지만, 기후시스템의 변화로부터 영향을 받지 않는다. 내부 피드백은 시스템에 외력이 주어졌을 때 내부의 물리 과정을 통하여 주어진 외력의 직접적인 영향을 증가 또는 감소시키는 과정을 의미한다. 이때 외력과 동일한 방향으로 작용하면 양의 피드백, 역방향으로 작용하면 음의 피드백이라고 한다.

여기서는 먼저 기후시스템에 대한 기후 강제력의 예를 들어 보자. 지구 탄생 이후 매우 천천히 그렇지만 강력하게 지구 기후를 변화시킨 것은 지각변동이다. 이는 대륙판의 이동, 산맥의 융기, 대양을 연결하는 해로의 열림과 닫힘을 들 수 있다. 고생대 페름기와 중생대 트라이아스기에 존재했던 초대륙, 판게아는 과거 대륙의 판이 합쳐졌다 흩어지기를 반복했음을 입증하는 증거이며, 이러한 과정을 통하여 지구 기후가 크게 변화했음을 짐작할 수 있다. 예를 들어 지구 표면의 30%를 차지하는 대륙이 주로 열대 지역에 분포했을 경우와 고위도에 주로 분포했을 경우를 비교한다면, 비열(물질 1g을 1℃ 높이는데 필요한 열량)을 고려했을 때, 지구의 기온은 전자의 경우가 보다 높을 수 있음을 유추할 수 있다.

지구는 자전과 동시에 공전을 한다는 것은 모두 잘 알고 있는 사실이다. 아울러 자전 운동은 밤과 낮을 만들고, 공전 운동은 자전축의 기울어짐과 더불어 계절의 변화를 만든다는 것도 역시 잘 알고 있을 것이다. 그런데 이러한 공전 운동은 항상 일정한 것은 아니며, 끊임없이 변하고 있다. 공전 운동은 세가지의 주요 변화로 기술된다. 첫째는 공전궤도 모양의 변화이다. 공전궤도는 원에 가까운 타원이지만, 약 10만 년(그리고 41만 년 주기 등)을 주기로 그 모양이 보다 원에 가까워졌다가 보다 타원으로 변하기를 반복한다. 이는 태양과 지구 간의 거리를 변화시켜서 지구에 도달하는 태양 에너지의 변화를 유도한다. 공전궤도가 완전한 원이라면, 지구가 공전운동을 하는 동안 태양과의 거리는 일정할 것이다. 그러나 공전궤도는 타원이며, 태양은 그 타원의 한 초점에 위치하기 때문에 태양으로부터의 거리는 1년을 주기로 변화하게 된다. 둘째는 자전축 기울기의 변화이다. 현재 지구 자전축은 공전궤도면에 대하여 23.5도 기울어져 있는 것으로 알려져 있으나, 이 기울기는 22.5~24.5도의 범위에서 4만 1천 년의 주기로 변화하고 있다. 셋째는 약 2만 3천 년 주기로 변화하는 세차운동이다. 세차운동은 자전축이 향하는 방향이 바뀌는 것과 공전궤도 자체가 회전하는 것, 두 가지가 있다. 세차운동으로 인하여, 지구 공전궤도 상에서 춘/추분과 동/하지가 발생하는 위치가 바뀌게 된다. 예를 들면, 현재, 1월 3일에 지구와 태양 간의 거리가 가장 가깝고, 7월 4일 가장 거리가 멀지만, 약 1만 1천 년 전으로 돌아가면 상황은 정반대가 된다. 약 1만 년 전 7월달 북반구에 도달하는 태양복사 에너지는 현재와 비교해서 $20Wm^{-2}$이상 많았다. 이는 강한 여름 몬순을 유발했던 것으로 알려져 있으며, 그린 사하라(Green Sahara; 현재 사막인 사하라 지역이 당시에는 식물이 번성했던 지역이었음)가 당시 존재했던 원인도 이로부터 유추할 수 있다. 밀란코비치는 이러한 공전운동을 수학적으로 기술하고, 이를 이용하여 빙하기와 간빙기의 준주기적 변화 패턴을 설명하였다. 이후 지구 공전운동과 연관된 기후 강제력의 변화를 밀란코비치 사이클이라고 부른다.

태양 활동은 10~1000년의 주기로 변화하고 있다. 특히 11년 주기의 태양흑점 변화는 태양 활동을 측정하는 지수로 오래전부터 널리 사용되어 왔다. 태양 활동의 변화는 결국 지표면에 도달하는 태양 복사 에너지의 변화를 의미한다. 그 밖에도 화산폭발을 통한 온실가스와 에어로졸의 방출은 단기적인 기후 변화의 원인으로 작용하고 있고, 우주로부터 큰 규모의 유성이 지구와 충돌하는 경우, 매우 급격한 기후 변화를 유도할 수 있다. 특히 6천5백만 년 전 유성의 충돌로 인해 당시 지구를 지배하던 생명체(특히 공룡)의 멸종을 유발하고, 새로운 종의 번성을 유도했던 것으로 알려져 있으며, 이는 중생대에서 신생대로의 전환은 이끌었다.

인간활동에 의한 인위적인 기후 변화 요인으로는 산업혁명 이후의 막대한 화석연료의 사용을 들 수 있다. 이로 인해 방출된 온실기체는 지구의 온도를 급격하게 상승시키는 원인으로 작용하고 있다. 한편 인위적인 기후 변화는 약 1만 년 전 농업과 더불어 시작되었다는 연구가 있다. 즉, 새로운 농지 구축을 위한 산림 파괴, 쌀 농사를 위한 관개의 증가, 그리고 가축 사육 등으로 인하여 이산화탄소(약 $400ppm$)와 메탄(약 $250ppb$)이 증가하였고, 이는 결국 빙하기로의 도래를 막았다는 주장이다.

기후에서 피드백이란 무엇을 의미하는가?

피드백은 외부 강제력이 변했을 때, 기후 시스템 내부의 물리 과정을 통해서 주어진 강제력에 대한 기후 시스템의 반응을 증폭 또는 감쇄시키는 작용을 말한다. 예를 들어 대기 중에 이산화탄소가 2배 증가했다고 가정하자($300ppmv$에서 $600ppmv$로 상승). 이로 인해 약 $4Wm^{-2}$장파 방출이 억제되고(그림 1에서 꼭지 B를 잠그는 효과), 결국 지구 평균 기온은 1도 상승한다(그림 1에서 물 높이 상승). 기온의 상승은 대기 중의 수증기량을 증가시키고, 온실효과를 가중시켜서 지구 기온을 1도 더 상승시키는 작용을 하게 된다. 이 같은 피드백 과정을 수증기 피드백(water vapor feedback)이라 하며, 이는 양의 피드백의 예이다. 한편 수증기의 증가는 구름의 생성을 촉진시키는데, 구름은 태양 빛을 반사하여 태양 복사 에너지를 줄이는 작용을 하게 된다. 이를 구름-복사 피드백(Cloud-Radiation feedback)이라고 하며, 이는 음의 피드백

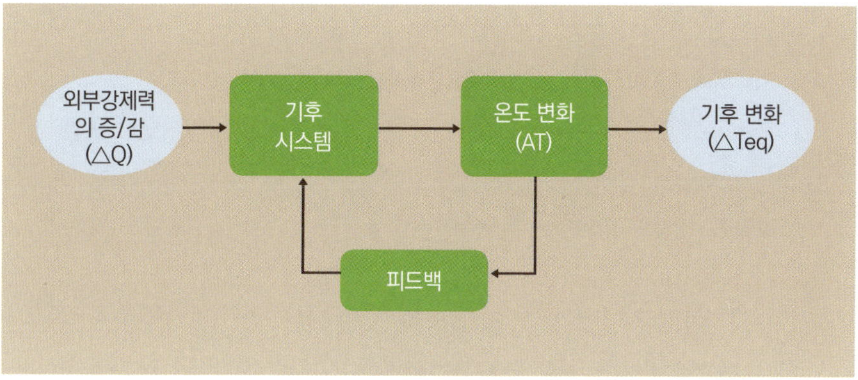

〈그림 2〉 피드백 과정에 대한 모식도

의 예이다. 구름은 또한 장파 방출을 억제하는 양의 피드백으로도 작용한다. 그 밖에도 자연에는 다양한 피드백이 존재하며, 이러한 피드백을 통하여 처음 주어진 외부 강제력의 영향은 증폭 또는 감쇄된다(그림 2). 피드백 한 가지를 더 예를 들면, 얼음-알베도 피드백(Ice-Albedo Feedback)을 들 수 있다. 이는 기온 상승으로 인하여 얼음, 눈 그리고 해양의 해빙이 차지하는 면적이 감소하여, 태양 빛의 반사율이 낮아져서 더욱 더 많은 태양 에너지가 지표에 흡수됨으로써 지구의 기온이 더 상승하는 양의 피드백을 의미한다. 얼음-알베도 피드백은 지구온난화에 대하여 극지방의 온도 상승을 타 지역에 비하여 크게 상승시키는 '극 증폭' 현상(Polar Amplification)의 원인으로 널리 알려져 있다.

기후 예측은 어떻게 하나?

영국의 전 수상, 윈스턴 처칠의 격언 중에 다음과 같은 것이 있다. '더 멀리 되돌아 볼 수 있을수록, 더 멀리 내다볼 가능성이 크다'. 이는 과거의 경험을 통해서 미래를 설계해 나갈 수 있다는 뜻일 것이다. 그렇지만 약간 과장되게

기후강제력과 기후 시스템의 반응에 대한 개념 모형

기후 강제력과 지구 평균기온의 관계는 다음과 같은 방정식으로 표현할 수 있다.

$$\frac{dT}{dt} = -\frac{1}{\lambda_i}T + Q$$

여기서 T는 지구 평균 기온, Q는 외부 강제력에 의한 열에너지, 그리고 λ_i는 기후 민감도 계수이다. 에너지 평형 상태를 가정하면, 온도의 변화는 0이 된다. 즉, $\frac{dT}{dt} = 0$. 결국 $T = \lambda_i Q$가 된다. 여기서 외부 강제력의 변화에 대한 온도 변화는, $\Delta T = \lambda_i \Delta Q$라 할 수 있다 (단 피드백 등의 물리 과정은 변하지 않는다고 가정, $\Delta\lambda_i = 0$). 앞서 이산화탄소 배증에 대한 예를 적용해 보면, $\Delta Q = 4Wm^{-1}$ 그리고 $\Delta T = 2°C$ 이므로, $\lambda_i = 0.5°C(Wm^{-2})^{-1}$ 임을 알 수 있다. 여기서 $\lambda_i/2$는 외부 강제력에 대한 직접적인 민감도이며, 나머지 $\lambda_i/2$는 수증기 피드백으로 인한 민감도로 해석할 수 있다.

적용하자면, 이는 기후 예측 방법에 주로 쓰이는 경험적 기후 예측의 원리라 할 수 있다. 경험적 기후 예측은 과거 발생한 현상을 바탕으로 미래를 예측하는 것을 의미한다. 예를 들면, 태풍 경로를 예측할 때, 과거의 자료로부터 현재의 태풍의 위치 및 주변 기압장(pressure field)의 배치와 가장 유사한 경우를 찾아서 이를 토대로 예측을 한다면, 이는 경험적 예측이라 할 수 있다(기상예보관의 경험을 토대로 한 기상 예측이 이와 일맥상통한다). 통계적 예측 모형이 경험적 기후 예측의 한 예이다. 최근에는 인공지능이 기후 예측에 활용되고 있는데, 인공지능 역시 과거 관측 자료를 이용하여 트레이닝을 시키는 과정이 매우 중요하고, 이 같은 과정 없이는 좋은 결과를 도출하기가 어려울 것이다.

경험적 기후 예측은 과거 발생한 현상을 토대로 개발될 수밖에 없기 때문에, 미래의 기후가 과거와는 전혀 다른 형태로 전개 된다면, 그 예측의 정확도는 떨어질 수 있다는 단점이 있다. 이와는 달리 물리법칙에 입각해서 기후 모형을 개발하고 이를 이용하여 기후 예측을 하는 경우, 앞서의 단점을 보완할 수 있다. 프랑스의 수리물리학자 피에르시몽 드 라플라스는 "우주의 가장 큰 물체부터 가장 작은 원자의 운동을 수식화하고, 그 해를 구할 수 있다면, 이 모든 것들의 미래를 예측할 수 있을 것이다"(필자의 의역)라고 언급하였다. 현재 기후/기상 학자들은 기후계의 변화를 지배하는 물리 법칙을 수식화하고, 이를 수치 적분(numerical integration)하여 미래를 예측한다. 태양 에너지가 기온을 높이는 과정을 물리 법칙이라 한다면, 이러한 과정을 가장 간단한 수식으로 표현한 것이 위 BOX에 기술된 방정식이다. 이 방정식을 수치 적분을 하기 위해서는 다음과 같은 차분법을 적용할 수 있다.

$$\mathrm{T}(\mathrm{t}+\Delta\mathrm{t}) = \mathrm{T}(\mathrm{t}) + \left[\mathrm{Q} - \frac{1}{\lambda_i}\mathrm{T}(\mathrm{t})\right] * \Delta\mathrm{t}$$

즉, 현재의 시간을 t라고 하고, 현재로부터 $\Delta\mathrm{t}$ 만큼의 시간이 흐른 후의 온도 $\mathrm{T}(\mathrm{t}+\Delta\mathrm{t})$는 현재의 온도 $\mathrm{T}(\mathrm{t})$에 $\Delta\mathrm{t}$ 동안 가해진 에너지 $\left[\mathrm{Q} - \frac{1}{\lambda_i}\mathrm{T}(\mathrm{t})\right]$를 더해 준 것이다. 사실 위 방정식에서 $\left[\mathrm{Q} - \frac{1}{\lambda_i}\mathrm{T}(\mathrm{t})\right]$는 강제력의 입력 에너지와 시스템으로부터 방출되는 에너지의 차이로서 에너지 평형상태에 이르게 되면 그 값은 0이 될 것이다. 이때, Q가 상수인 경우, 위 시간 적분을 반복하면 결국 $\mathrm{T}_{eq} = \lambda_i Q$가 될 것이다(여기서 T_{eq}는 평형상태에서의 지구 평균 기온). 그러나 Q는 자연적 그리고 인위적 원인에 의하여 끊임없이 변하고 있기 때문에 평형상태를 이루지는 못한다. 위에서 사용된 방정식은 이해를 돕기 위하여 제시한 것이며, 실제 기후 예측에서는 기후시스템을 구성하는 대기, 해양, 빙권, 생권등을 지배하는 물리학적, 화학적, 생물학적 과정을 모두 수식화하고 슈퍼 컴퓨터를 이용하여 수치 적분을 한다.

기후 예측은 왜 어려운가?

아주 작은 변화가 돌이킬 수 없는 큰 결과를 초래하게 될 때 '나비효과' 라는 표현을 쓴다. 나비 효과라는 말은 기상학자 로렌츠의 이상한 끌개(그림 3)의 모양이 나비와 유사하여 생겨난 말이다. 로렌츠는 기상현상에 근거한 물리과정을 3개의 비선형 방정식으로 수식화하고, 이로부터 이상한 끌개의 존재를 보였다. 그림 3의 궤적은 로렌츠의 방정식(그림 3)을 시간적분하여 구한 값 $(x(t), y(t), z(t))$을 2차원 상에 나타낸 것으로 각각의 궤적은 서로 겹치지 않는 것이 특징이다. 로렌츠의 이상한 끌개는 결정론적 카오스(deterministic

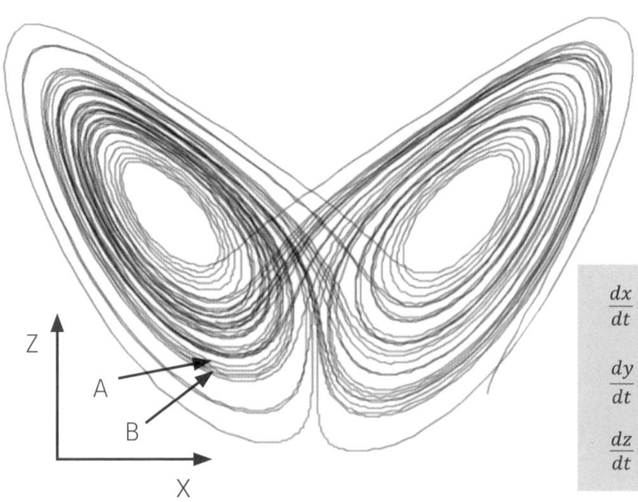

$$\frac{dx}{dt}=\sigma(y-x)$$

$$\frac{dy}{dt}=x(\rho-z)-y$$

$$\frac{dz}{dt}=xy-\beta z$$

〈그림 3〉 로렌츠의 이상한 끌개(strange attractor)와 로렌츠 방정식

chaos)의 대표적인 예로서, 초기 시작점($x(0), y(0), z(0)$)이 정해지면, 시간 t에서의 점의 위치($x(t), y(t), z(t)$)는 일정하게 결정된다. 여기서 중요한 것은 초기 시작점의 정확도이며, 이를 초기치 문제(initial value problem)라고 한다. 그림 3에서 A, B점은 서로 매우 가까운 곳에 위치한다. 즉, 이 두 점을 시작점으로 잡았을 때 그 차이는 작지만, 일정 시간이 지난 후에 A에서 출발한 경우는 왼쪽 끌개 주위를 맴돌고 있는 반면, B에서 출발한 경우는 오른쪽 끌개 주위를 맴돌게 된다. 이러한 초기치의 문제는 특히 날씨 예보 모형에 사용되는 관측자료가 얼마나 정확한지에 따라서, 예측 결과 또한 정확해질 수 있음을 시사해 준다. 여기서 로렌츠의 모형은 결정론적 카오스 문제이기 때문에, 초기치 문제를 해결하면 예측의 오차를 어느 정도 줄일 수 있을 것이다. 그러나 자연현상을 라플라스가 제시한 것과 같이 완벽하게 결정론적 방정식으로 표현하는 것은 거의 불가능하기 때문에, 결정론적으로 해결되지 못하는 부분은 확률과정(stochastic process)으로 접근하는 수밖에 없다. 결국 정확한 예측을 얻기는 불가능하다는 것을 의미한다.

앞서 언급한 초기치의 불확실성 뿐만 아니라, 기후 모형을 이용하여 미래 기후를 예측하는 데 있어서, 확률론적 예측의 확률을 낮추는 여러가지 불확실성이 존재한다. 먼저 물리 과정에 대한 이해의 부족으로 부정확한 수식이 적용되었을 때 불확실성은 가중된다. 수치 모형(numerical model)의 격자 간격 보다 작은 공간 규모의 현상은 모형이 모의 할 수 있는 범위를 벗어나기 때문에 불확실할 수 밖에 없다. 이는 낮은 화소수의 사진에서는 불명확한 사물이, 높은 화소수의 사진에서는 보다 선명하게 보이는 원리와 동일하다(그림 4 참조). 수치 모형이 직접적으로 표현할 수 없는 물리현상(예, 구름 방울이 모여서 빗방울이 되는 과정)들은 모형이 모의할 수 있는 변수를 이용하여 간접적으로 표현하는 것(예, 대기 온도와 습도를 이용하여 비의 양을 간접적으로 산출)을 모수화(parameterization) 라고 한다. 대표적으로 지표 근처에서 발생하는 매우 작은 규모의 난류 현상(또는 브라운 운동)을 들 수 있다. 난류에 의한 열과 에너지 수송은 대기의 변화를 모의하는데 있어서 매우 중요한 현상이지만, 이를 결정론적으로 수식화하기는 매우 어렵다. 그러므로 난류현상은 모수화해야 하며, 이때 불확실성이 가중된다. 끝으로 미래 기후 변화 시나리오의 불확실성이다. 미래의 화석연료 사용, 오염물질의 배출량/배출지역등은 현재 그 정확한 수치를 얻을 수 없는 것들이다. 다양한 형태의 미래 온실가스 배출 시나리오를 세우고 이를 기후 모형에 적용하고는 있지만, 어떤 시나리오가 미래의 변화에 보다 가까울지는 알 수 없다.

보다 정확한 기후 예측을 위하여 필요한 것은 무엇인가?

정확한 기후 예측은 보다 효율적인 미래 설계를 가능하게 한다. 이를 위해서는 무엇보다도 자연의 변화를 지배하는 법칙에 대한 보다 정확한 이해가 수반되어야 한다. 그리고 이를 바탕으로 정확하고 정밀한 기후 모형 등의 예측 도구를 개발해야 한다. 아울러 미래 기후를 지배할 기후 변화 시나리오의 정립이 필요하다. 앞서 언급한 바와 같이 미래 기후 시나리오에는 다양한 형태의 불확실성이 존재한다. 그리고 일관성없는 각국의 에너지 정책은 불확실성을 가중시키는 요인이기 때문에 국제사회의 협의가 필요하다.

기후 학자의 대부분은 기후 모형을 이용하여 미래 기후를 예측한다. 그림 4는 지난 1970년대 중반부터 최근까지의 기후 모형의 발전을 보여준다. 기후 법칙에 따라서 수리 방정식을 만든다 하더라도 컴퓨터의 능력에 따라서 수치 모형의 시간 적분에 대한 가능 여부가 결정되기 때문에, 기후 모형의 발달은

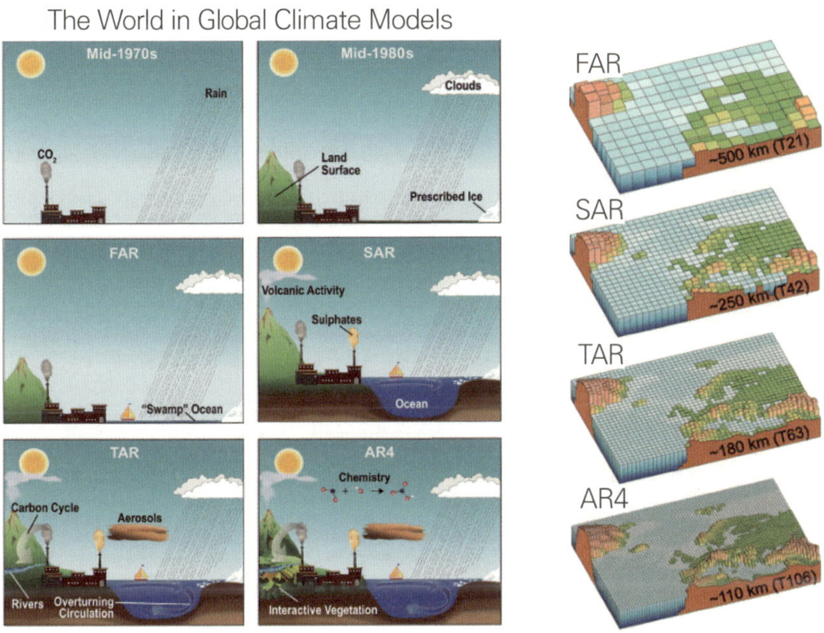

〈그림 4〉
(왼쪽) 지난 수십 년 동안에 증가한 기후 모형의 복잡성에 대한 모식도. FAR(1992), SAR(1995), TAR(2001) 그리고 AR4(2007) 에 주로 사용된 기후 요소들. (오른쪽) FAR에서 AR4까지 사용된 기후 모형의 격자 간격. [본 그림은 기후변화에 관한 정부 간 협의체(IPCC) 제4차 평가보고서 Fig. 1.2와 1.4에서 발췌함]

컴퓨터의 발달과 직결되어 있다. 1970년대 중반의 기후 모형은 다소 원시적이었다. 그림에 보인 바와 같이, 바다도 없고, 지형도 제대로 없는 상태에서, 대기 중에 이산화탄소와 태양에너지 그리고 구름을 만들 수는 없지만, 강수는 모의 할 수 있는 정도였다. 1980년도 중반에 들어서 지표와 빙하가 포함되었고, 구름을 모의할 수 있게 되었다. 그리고 1990년대(FAR, SAR)에서는 해양이 보다 현실적으로 모형화되었다. 2000년대(TAR, AR4)에는 해양의 심층 순환과 탄소 순환 과정이 기후 모형에 첨가되었고, 여기에 에어로졸, 생권 모형,

그리고 대기화학 모형이 더해졌다. 최근에는 대기, 해양, 생권, 빙권, 대기화학 등 거의 모든 기후 요소들을 모의하고, 서로 상호작용하도록 하는 기후 시스템 모형이 개발되어 기후 예측에 사용되고 있다. 아울러 모형의 복잡성 뿐만 아니라, 모형이 재현할 수 있는 공간 규모 역시 보다 정밀화 되도록 발달하였다. 그림 4에 보인 바와 같이, IPCC 첫 번째 보고서(FAR)에 적용된 모형의 격자는 500㎞였던 것이, 4차 보고서(AR4)에서는 약 110㎞로 줄어들었다. 그림에서 확인할 수 있듯이, 500㎞에서는 구분하기 힘든 유럽의 지형이 110㎞에서는 매우 뚜렷하게 나타났다. 최근에는 20㎞이하 해상도의 기후 모형을 이용한 모의가 행하여 지고 있어서, 날씨 예측 모형과 기후 모형 간의 경계가 점차적으로 허물어지고 있다.

맺음말

최근 기후에 대한 관심이 고조된 것은 그만큼 기후 변화가 초래할 재앙이 매우 심각하고, 재앙이 도래할 시기가 매우 가까이 와 있기 때문이다. 2013년에 발간된 IPCC 5차 기후변화보고서에서는 '인간활동으로 인해 기후가 변하고 있으며, 기후 시스템의 온난화는 명백하다. 그리고 1950년대 이후 관측된 변화는 지난 1000년 동안 발생한 적이 없는 매우 새로운 것이다'라고 결론지었다. 다행이 2015년 유엔 기후변화 회의에서 체결된 파리 협정을 통하여, '지구 평균온도 상승 폭을 산업화 이전 대비 2℃ 이하로 유지하고, 더 나아가 온도 상승 폭을 1.5℃ 이하로 제한'하기 위해 200여 개국이 함께 노력하기로 하였다. 하지만 1.5℃/2℃에 도달하기까지 지구의 기후가 안정적으로 변화될 지도 의문이다. 즉, 1.5℃/2℃로 상승하기 전에 티핑 포인트(tipping point, 임계점)에 도달한다면, 문제는 더더욱 심각해진다. 2018년 기후변화에 관한 정부

간 협의체(IPCC) 30주년 기념식에서 IPCC 의장은 비가역적 기후 변화를 유도할 티핑 포인트에 대한 과학적 이해를 높여야 함을 강조하였고, 고인이 된 스티브 호킹 박사 역시 지구 온난화 수준이 돌이킬 수 없는 상태에 도달하는 티핑 포인트를 피해야 함을 언급한 바 있다. 지금까지의 연구 결과에 따르면, 비가역적 기후 변화는 매우 제한적으로 발생할 것으로 전망하고 있지만, 티핑 포인트에 대한 과학적 지식이 충분하지 못한 현시점에서 이를 단언할 단계는 아닐 것이다. 분명히 인류는 큰 위기 상황에 놓여 있으며, 이를 극복하기 위한 노력이 현재 매우 절실하다.

지금은 인류 시대

지금은 인류 시대

우남칠
지구시스템과학과 교수

46억 년의 지구역사는 다양한 시대적 특성을 보여왔다. 예를 들면, 삼엽충으로 대표되는 고생대, 공룡시대였던 중생대와 맘모스와 포유류가 등장한 신생대 등으로 크게 구분할 수 있으며, 오늘날 우리 인류는 신생대의 맨 끝 부분에 속하는 홀로세(Holocene)라는 시대를 살아가고 있다. 그런데 지난 10여년 동안 지구의 역사를 논의하는 여러 국제 회의에서 새로운 명칭과 시대 구분이 제기되었다. 그것은 바로 "인류세(Anthropocene)"라고 하는 용어이다.

이 용어, 인류세(Anthropocene)는 2016년 국제지질회의에서 공식적인 시대구분의 용어로 사용하자는 건의가 제기되었다. 용어의 의미는 인류와 인류 활동의 영향이 지구의 역사적 기록으로 남을 정도가 되었다는 것이다.

그렇다면 인류가 지구환경에 미치는 영향은 과연 바람직한 것인가? 우리 주변에서 보이는 인류의 활동은 지구 환경에 어떠한 영향을 미치고 있는가? 급격한 지구온난화와 기후변화로 인한 빙하의 용융과 해수면 상승, 빈번해진 호우와 홍수, 산사태, 반복되는 가뭄과 물 부족, 공기-땅-물의 오염 확산...

그렇다면 과연 우리 인류는 이러한 지구환경의 변화와 더불어 지속적으로 생존과 발전이 가능한가? 지구 환경의, 아니 인류의 지속가능성을 확보하기 위해서 우리는 어떻게 해야 하는가? 이 장에서는 지구환경에 대한, 그리고 인류의 활동과 그 영향에 대한 우리의 시각을 다시금 돌아보고자 한다.

인류세와 인류활동에 의한 지구의 변화(http://www.anthropocene.info/)

지구의 역사 - 지질 시대와 인류세(Anthropocene)

지구의 나이는(학자마다 조금씩 차이는 있으나) 대체로 46억 년으로, 고생대 캠브리아기가 시작되기 이전인 선(先)캠브리아기 시대가 약 40억 년을 포함한다. 그 후로 고생대는 5.4억 년 전부터 중생대가 시작하는 2.5억 년 전까지 지속되고, 이후에 공룡시대라고 부르는 중생대가 지속되다가 6,500만 년 전부터는 포유류가 등장하는 신생대가 시작되었다. 이와 같이 지구의 역사는 대규모의 지각변동과 시대별 생물체의 특징에 따라 고생대, 중생대, 신생대로 구분하였고, 각각의 대(Era)는 다시 세분하여 기(Period)로 나누고, 이는 다시 세(Epoch)로 나누었는데, 우리 인류가 살아가는 이 시기는 지구역사로 보면 마지막 빙하기가 끝난 이후로서, 약 10,000년 전부터 시작된 홀로세(Holocene)라고 부른다.

인류세(Anthropocene)라는 지질 시대는 홀로세(Holocene)의 마지막 시기로, 인류의 활동이 기권-수권-암권-생물권 등 광범위한 지구환경의 변화에 주요인으로 작용하는 새로운 시대를 의미한다. 이 용어는 인류를 의미하는 "anthro-"에 지질시대의 세(Epoch)를 의미하는 "-cene"이라는 접미사를 붙여서 만들어졌으며, 노벨상 수상자인 대기화학자 파울 크루첸(Paul J. Crutzen)이 2000년부터 공개적으로 사용하기 시작하였다. 2008년 영국 지질학회의 층서학(지구역사의 시간적 순서를 연구하는 학문) 분과에서 공식적인 용어로 제안키로 하였으며, 이후 다양한 전문가 그룹들이 이 용어를 공식화할 수 있는지에 대한 논의를 진행 중에 있다. 아직 과학적 용어로는 비공식적이지만, 2011년 미국 지질학회 연례회의의 주제 "시생누대에서 인류세로: 과거는 미래에 대한 열쇠(Archean to Anthropocene: The past is the key to the future)" 에서도 사용된 바 있다.

그렇다면 인류세의 시작 시점은 언제인가? 아직 이에 대해서는 많은 의견들이 있다. 대기과학적 증거에 근거한 견해로는 1780년 증기기관의 발명과 더불어 시작된 산업혁명 시기를 시작점으로 하자는 의견, 1960년대 원자력의 사용시기를 시작점으로 하자는 의견이 있다. 다른 의견으로는, 약 12,000년 전 신석기 시대로 인류의 토지이용이 생태계와 종다양성에 영향을 미치기 시작한 시점으로 하자는 의견도 있지만, 이렇게 하는 경우 현재 사용하는 지질시대인 홀로세와 차이가 없다는 주장도 있다. 2019년 인류세 전문위원회(Anthropocene Working Group: AWG)에서는 2021년까지 국제층서위원회에 공식적으로 인류세의 확정을 요청하기로 하였으며, 이때 기준 시점은 20세기 중반 정도가 될 것으로 예상된다.

참고로, 인류가 지구 상에 나타나서 활발히 움직이기 시작한 지금부터 약 5,000년 전까지의 시간, 즉 5,000년은 지구의 나이를 하루 24시간으로 본다면 얼마나 될까? 0.1초. 지구의 나이를 하루로 계산한다면, 인류는 이 하루의 마지막 0.1초에 나타난 것이다.

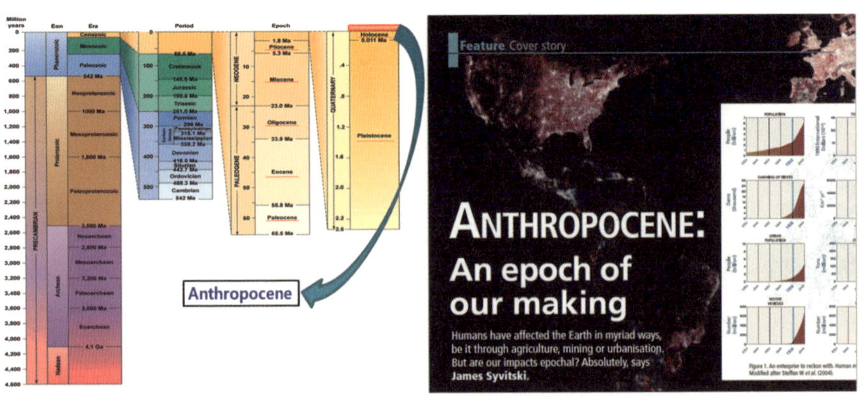

지구 역사의 마지막 시기에 해당하는 인류세(Anthropocene)
(자료 : Global change, 78, 2012)

지구는 살아있다 - 지구 시스템의 복잡성과 변화

지구는 46억 년 동안 끊임없이 변화해 왔으며, 지금도 그 변화는 지속되고 있다. 따라서 **지구의 관점에서 환경의 변화는 정상적인 현상**이다. 지구의 이러한 자연적인 변화 현상의 원인과 과정 그리고 결과에 대해 과학적으로 이해하며, 인류의 생존터인 지구 환경을 지속가능하게 유지하고 관리하기 위한 정보를 제공하는 과학이 **지구시스템과학**(Earth System Sciences)이다.

시스템(system)이란 용어는 다양한 구성요소들이 복잡하게 얽혀 상호작용하는 하나의 집합체(unified whole)다. 이러한 관점에서 지구시스템은 외계(extraterrestrial system)와 구분할 수 있다. 지구시스템과 외계와의 관계에서, 태양에너지와 지표면에서의 복사에너지는 외계와 직접적으로 유입과 유출이 자유롭다. 그러나 에너지 외의 다른 물질들은 지구의 중력에 의해 잡혀있어 외계로 나가지는 못한다. 이러한 시스템을 닫힌계(closed system)라고 부르며, 지구시스템은 외계에 대하여 닫힌(closed) 상태이다.

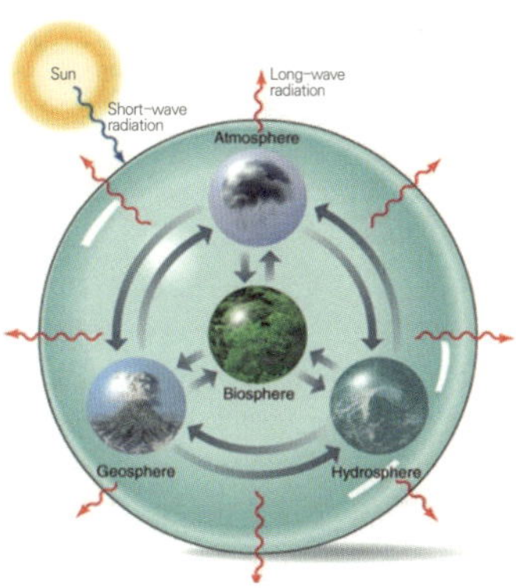

지구는 외계에 대하여 닫힌계이며, 내부적으로는 열린계이다. (사진 : M.Ruzek)

지구시스템은 내부적으로 대기와 물, 땅과 생물체 등으로 구성되고, 이들은 상호간에 끊임없이 반응을 하고 있다. 이들을 과학적 영역에서는 기권(atmosphere), 수권(hydrosphere), 암권(geosphere), 생물권(biosphere)이라고 부르며, 이들 권역(sphere)끼리는 서로 물질과 에너지가 순환되고 있어 열린(open) 상태로 존재한다.

이러한 지구의 시스템적 특성을 요약하면, 지구 내부의 물질들은 상호반응을 통해 끊임없이 자연적인 변화가 일어나며, 외계에 대해서는 물질의 유입/유출이 불가능하다. 따라서 지표면의 일부 지역에서는 맨틀의 일부였던 마그마가 분출되면서 지각이 끊임없이 새롭게 만들어지며(중앙해령), 지구의 표면적이 더 커지지 않는 한 다른 지역에서는 새롭게 만들어진 지각만큼 끊임없이 지각이 없어져야 한다. 그 방법으로 지각이 구겨져서 위로 올라와 산맥을 형성하거나(조산운동), 아니면 지각의 일부가 다른 지각 아래로 밀려들어가는 현상이 발생한다(섭입대). 이러한 지각의 변형 과정에서 지진과 화산이 발생하므로 사람들은 지구가 살아있다는 표현을 하는데, 지구과학자들은 이런 현상을 총체적으로 "판구조론"이라는 이론으로 설명하고 있다.

지구 내부의 물질이 지표면으로 배출되는 과정에서 지표면의 공기와 물, 생물들이 영향을 받게 됨은 두말할 필요도 없다. 인류가 "자연스럽다(natural)"라고 표현하는 것은, 이러한 지구가 46억년 동안 지속해 온 대기-물-땅-생물체의 상호작용과 그 결과들을 포함한다.

그런데 지구 역사에서 가장 최근에 등장한 인류의 활동이 이러한 자연적 변화에 추가되면서, 다양한 인위적(human-made; anthropogenic) 변화들이 오히려 자연적인 변화를 압도하게 되고, 나아가 그 변화의 속도가 지구 역사에서 볼 수 없었던 정도로 급격하게 나타나고 있다. 결과적으로, 이미 발생된 과거의 경험으로부터 현재의 현상을 이해하던(*from the past to the present*) 과학적 지식으로는 현재 지구 환경의 변화로부터 미래에 대한 예측(*from the present to the future*)은 더 이상 불가능하게 되었다. 이러한 이유로 정부간 기후변화 협의체(IPCC)에서도 미래 지구환경의 불확실한 변화를 여러 가지 시나리오를 통해 예측할 수 밖에 없는 상황이 되어 버렸다.

인류세의 특징

지질시대로서 인류세에서 나타나는 다른 시대와의 차별적 특징은 당연히 인류활동의 영향으로 나타나는 지구환경의 변화이다. 세계경제포럼(WEF)에서 2020년에 발간한 전지구 위해성 보고서(Global Risk 2020)에서는 발생가능성이 높고 그 영향력이 커서 인류에게 위협이 될 만한 이슈로 기후변화 대응의 실패로 인한 문제, 극단적 기후영향, 자연 재난, 생물학적 종다양성의 손실, 물 문제와 인류 활동에 의한(human-made) 환경문제를 제시하고 있다. 물론 2019년 12월부터 2020년을 휩쓸고 있는 전염병(COVID19)의 문제는, 발생가능성은 적었지만 그 영향력은 상당할 것으로 예상되었다. 중요한 것은 발생가능성과 그 영향력이 모두 높은 위협의 대부분이 인류의 활동과 직·간접적으로 연계되어 있다는 것이다.

기후변화와 지구온난화

지구온난화(global warming)는 지난 60년 동안 관측되고 있는 지표면과 해수면 근처 대기의 평균 온도가 상승하는 것으로 정의된다. 물론 지구는 생성 후 수십억 년 동안 수많은 온도의 변화를 겪어왔으며, 그 결과로 빙하기와 간빙기의 흔적들이 지구 역사에서 반복적으로 확인되고 있다. 그럼에도 불구하고 지구온난화가 중요한 이유는, 시간적 규모에서 보았을 때 지구의 자연적 변화의 속도에 비하여 현재 발생하고 있는 기온의 상승이 엄청나게 빠른 속도로 진행되고 있다는 것이다.

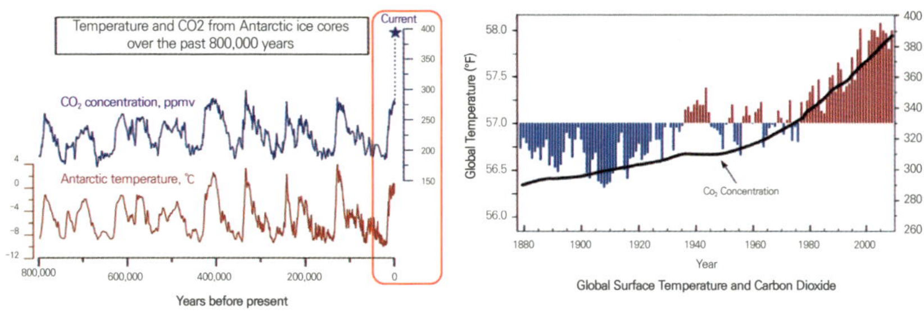

지구의 대기온도와 CO_2 농도변화: (1) 과거 80만년 동안, (2) 최근 150년간
(자료 : King et al, 2015)

현재 약 11,000명의 인구가 거주하고 있으며 평균고도가 해발 1.8m인 남태평양의 작은 섬나라 투발루(Tuvalu). 현재와 같은 해수면 상승이 지속된다면 100년 이후에는 더 이상 인간이 살 수 없게 될 것이고, 따라서 지구온난화에 따른 해수면 상승으로 인해 다른 나라로 피난을 가야 하는 최초의 국가와 국민이 될 것으로 예상된다. 이와 같은 변화는 투발루 한 곳으로 한정되는 것이 아니다. 최근 연구에 따르면 세계 인구의 10% 이상인 약 6억 명의 사람들이 해수면 기준 10m 고도 이내의 해안지역에 거주하고 있는데, 시간이 지날수록 해수면 상승은 국가와 무관하게 이들에게도 중요한 위협이 될 것이다.

위의 그림에서도 볼 수 있듯이, 지구역사에서 보이는 기온변화는 대체로 대기 중 이산화탄소의 농도와 비례하여 변화하였는데, 1950년대 이후 지속적으로 증가하는 이산화탄소의 농도는 현재 기온 상승이 인류의 활동, 즉 막대한 화석연료의 사용에 의한 결과임을 잘 보여준다. 이와 더불어 메탄(CH_4), 산화질소(NO_x), 프레온가스 등 성분들이 대기에 증가되면서, 지표면에서 생물의 존재를 가능케 했던 온실효과(greenhouse effect)가 오히려 지구온난화를 가속화시키는 원인으로 작용하고 있는데, 이 가스성분들은 모두 인류의 산업화 과정에서 배출된 것이다. 그러므로 현재 일어나고 있는 전 지구적인 기후변화와 지구온난화 현상은 다양한 인류의 활동이 자연적 현상에 영향을 미치고, 그 결과가 인류에게 다시 심각한 위해(risk)로 되돌아오는 현상임을 알 수 있다.

순환 시스템의 변화 – 재난의 시작

46억 년 동안 지구의 변화는 오늘날 인류가 더불어 살아가는 대륙과 해양을 생성하였고, 대륙 내에서도 암석의 침식-풍화-운반-퇴적이라는 과정이 물의 순환 작용과 연계되어 수많은 산맥과 계곡, 하천과 호수를 만들어냈다. 이렇게 생성된 지구 표면의 많은 지형들은 각자의 위치에서 지구의 변화에 가장 잘 적응된 모습으로 존재하고 있다. 미국의 그랜드캐년뿐만 아니라, 우리나라 태백의 미인폭포, 제주도의 주상절리와 화산체 등은 모두가 지구의 자연현상에 의해 만들어진 결과물이다.

그런데 언제부터인가 인류는 자연을 인류의 편의와 경제적 이익의 관점에서 인위적(human-made)으로 변형(transform)할 수 있다고 생각하기 시작하였다. 그 결과는 지구 환경에 대한 다양한 공학적(engineering) 변형을 유도하게 되었다. 오랜 시간 동안 만들어진 지구의 다양한 모습들이 수천 년 인류의 활동으로 변형되기 시작하였으며, 이러한 변형이 지구환경을 구성하고 있는 공기-땅-물-생태계와의 상호반응을 통해 장기적으로 어떠한 결과를 초래할지에 대해서는 예상조차 할 수 없었다. 그 결과는 인류가 예상치 못한 재앙으로 돌아오고 있다.

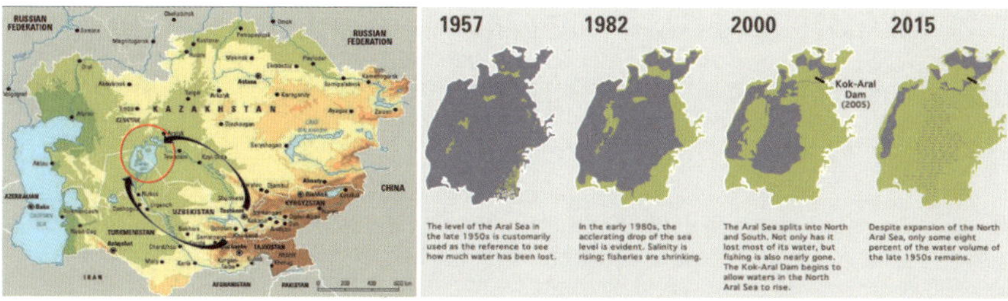

중앙아시아의 내륙해인 아랄해의 소멸 - 시간에 대한 변화
(자료 : AramcoWorld, 66(3), 2015)

중앙아시아의 우즈베키스탄과 카자흐스탄 경계에 위치한 아랄해(Aral sea)는 육지에 위치하는 담수호이지만, 면적이 68만 9천㎢, 수량이 1,083㎦ 에 이르는 세계에서 네 번째로 큰 호수라서 바다(sea)라는 이름을 갖고 있었다. 아랄해로 유입되는 두 개의 강인 아무다리야강과 시르다리야강은 중앙아시아에서 가장 긴 강들로, 상류에 타지키스탄과 기르키즈스탄, 하류에 우즈베키스탄과 카자흐스탄, 투르크메니스탄이 위치하여 여러 나라를 통과하는 국제 하천이다. 이렇게 큰 바다가 주변 지역의 과도한 개발과 무분별한 물의 사용으로 인해 지난 수십 년사이에 거의 사막처럼 변화되었다. 자연의 한 요소인 물의 순환시스템을 인류가 경제적 이익을 위하여 변형시킨 결과의 대표적인 사례이다.

아랄해의 변화는 러시아가 과거 소련(Soviet Union) 시절에 두 강 유역에 대규모의 목화밭을 조성하면서 시작되었다. 목화 농장에 물을 대기 위하여 두 강에 100여개의 크고 작은 댐들이 세워졌고, 강물이 과도하게 취수되었다. 강물

아랄해의 현재 모습

이 목화밭으로 들어가면서 아랄해로 들어와야 할 강의 수량이 줄어들고, 이러한 현상이 수십 년 지속되면서 아랄해는 점차 말라가게 되었다. 아랄해의 수량이 줄어들면서 물의 염분농도가 높아지고, 이에 따라 염수에서 생존가능한 어류가 줄어들면서 어획량도 줄어 주변의 어촌마을들이 붕괴되기 시작하였다. 또한 아랄해가 마르면서 해수면이 작아지고, 결과적으로 해수면에서의 증발에 의한 수증기 공급량이 줄어들게 되었다. 이는 대기의 순환에도 영향을 미치면서, 이 지역에는 더욱 건조한 기후가 형성되어, 되돌릴 수 없는(irreversible) 환경으로 변화가 진행되어 왔다. 아이러니하게도 사람들의 삶의 질을 높이기 위한 경제개발을 목적으로 했던 자연환경의 인위적 변화는 한 세대가 지나기도 전에 이전보다 더 악화된 자연과 경제 환경으로 사람들에게 돌아온 것이다.

우리나라에서도 이와 유사한 지표면의 인위적 변형 사례가 있다. 바로 4대강 정비사업이라는 것이다. 우리나라의 가장 큰 하천인 한강, 낙동강, 금강, 영산강을 대상으로 수많은 보(제방)를 세우고 하천의 형태를 인공적으로 조정하여 하천의 생태계를 복원한다는 사업이었다. 이 사업의 가장 큰 문제는 한반도의 가장 큰 하천의 형태와 기능을 인공적으로 조절한다는 계획과 공사가 몇 개월도 안 되는 짧은 시간에 이루어졌다는 것이다. 앞에서도 지적하였듯이, 46억 년의 변화 결과로 형성된 지금의 강의 모습이 왜 그러한지, 그런 강의 주변 생태계와 자연환경에서 어떠한 역할을 감당하고 있는지, 4계절이 비교적 뚜렷하게 구분되는 우리나라에서 계절에 따른 자연의 변화가 어떻게 강과 상호반응하는지 등등, 아랄해의 비극이 타산지석이 되었어야 함에도 불구하고, 우리는 자연에 너무 쉽게 손을 대었고, 이제 지구는 수십 년에 걸쳐 미래세대에게 그에 대한 반응을 드러내게 될 것이다.

촉발 지진

지진(地震; Earthquake)은 글자 그대로 땅(Earth)이 울리는(Quake) 현상이다. 자연적으로는 이전에 판구조론으로 설명하였듯이, 지구 자체가 지니는 지속적인 변화에 의한 지각의 이동이 주원인으로 작용한다. 간단한 예로, 일본의 동쪽 앞바다에서는 태평양판이 유라시아판 아래로 밀고 들어가는 섭입 현상이 발생하며 지속적으로 지진이 발생한다.

그러나 2017년 우리나라 동남부 지역에서 발생했던 포항지진은, 양산단층대 주변에서 발생하는 자연적인 단층면에 포항지역에서 지열에너지를 개발하고자 지하 약 3km 심부에 인위적으로 주입되었던 물이 유입되어 지진이 발생하게 되었다고 하여, 인위적 요인에 의해 발생된 "촉발 지진(triggered earthquake)"이라고 공식 발표된 바 있다. 즉, 인류의 에너지 개발 활동이 한 지역을 황폐화시킨 지진의 궁극적 원인이라는 것이다. 나아가 이 촉발지진이 발생한 지역 주변에 산재한 원자력발전소를 포함하는 국가 기반시설은, 인류 활동의 결과가 오히려 가늠할 수 없는 심각한 재난으로 돌아올 수 있음을 의미한다.

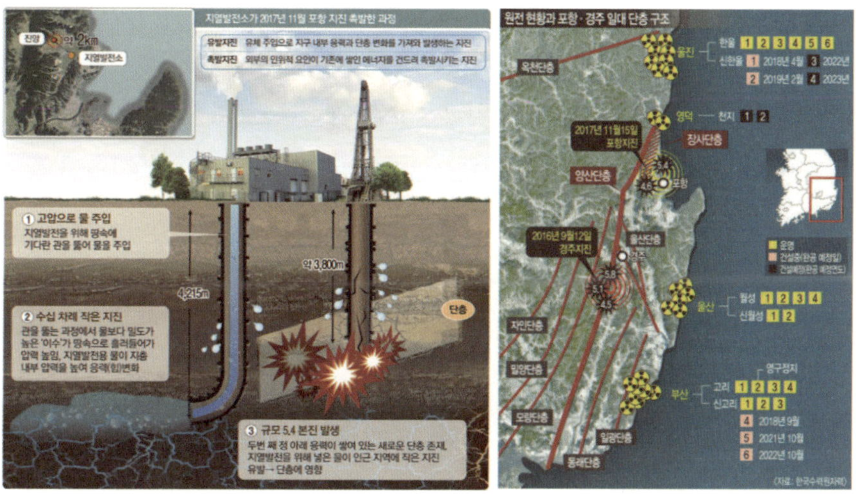

포항 촉발지진의 모식도 및 주변 지역에 미치는 잠재적 영향
(출처 : 매일경제, 2019.03.28; 경향신문, 2017.11.16)

산업화 시대를 거치면서 대부분 제조업과 가공업 등의 산업 활동들이 막대한 에너지의 공급을 요구하고 있으며, 인류는 지구가 수천만 년 동안 축적해 온 화석연료를 꺼내 사용하여 왔고, 그도 모자라서 방사능을 발생하는 핵물질을 이용하여 에너지를 확보해 왔다. 그 결과, 인류는 석탄과 석유 등 화석연료의 무분별한 개발과 사용으로 에너지를 확보한 반면에, 지구환경에서는 대기 중에 화석연료 기원의 이산화탄소 농집에 의한 온실효과와 기후변화가 발생하고 있다. 그러나 에너지 개발에 의한 환경파괴를 줄이고자 진행되었던 지열에너지의

개발은 또 다른 지구의 반응(인류에게는 재난을 초래하는)으로 되돌아 왔다.

인류가 에너지를 확보하기 위해 원자력을 사용하는 과정에서 발생하는 예상치 못한 사고들은 해당 지역뿐 아니라 전 세계적으로 영향을 미치기도 한다. 1979년 미국의 쓰리 마일 섬(Three Mile Island) 사고는 원자력발전소 인근 지역에 주로 영향을 미쳤으나, 1986년 우크라이나 북부 체르노빌 원자력발전소의 붕괴는 인근 지역에서는 모든 생태계의 파괴를 초래하였고, 나아가 방사성 낙진은 약 2주만에 전 세계로 확산되었다. 원자력발전소는 에너지를 얻는 발전과정뿐 아니라, 발전에 사용하고 더 이상의 에너지 회수가 불가능한 폐기물(사용후 핵폐기물)을 산출하게 된다. 이들이 지니고 있는 막대한 잠재적 환경적 위해성 때문에, 국제원자력에너지위원회(IAEA)는 사용후 핵폐기물을 수 킬로미터 이하의 지하 심부에 처분하여 최소 10,000년 이상 안전하게 보관하여야 한다고 제시하고 있다. 5,000년 인류 역사를 통해 경험하고 학습해 온 과학을 통해 미래 10,000년의 안전성을 확보해야 하는 명제가 제시된 것이다.

재난의 연쇄 효과

미국 서부의 캘리포니아주에서는 늦여름과 초가을인 9~11월에 대형 산불들이 연례행사처럼 발생되어 왔다. 대체로 3월부터 시작된 건조한 기후가 6개월 이상 지속되어 산의 모든 초목들이 말라있는 상태에서, 사람들의 실수와 자연적인 발화로 인해 시작된 불은 소방관들이 끄는 속도보다 훨씬 빠르게 산 전체로 번져나가 대형 재난으로 이어졌다. 이러한 현상이 2010년대 후반으로 들어서면서 지구온난화와 기후변화의 영향으로 산불의 규모와 피해가 갈수록 커지고 있다. 2018년 11월 송전선의 불꽃에서 시작된 산불은 건조한 기후와 강한 바람으로 3주간 지속되어 캘리포니아 전역으로 확장되어 서울의 약 3배

면적을 모두 태워버렸으며, 2020년 9월의 산불은 대한민국의 약 50%에 달하는 면적을 태워버렸다.

이렇게 산불로 인해 황폐화된 지역들은 지속적으로 더 많은 재난에 노출된다. 산림이 불타고 남은 땅은 빗물이 땅 속으로 스며들기 보다는 지표면에서 쉽게 흘러가며, 산불로 약해진 산사면의 흙과 식물 잔해들이 같이 움직이게 된다. 결과적으로 한 번의 비에도 홍수와 산사태가 발생하여, 캘리포니아 몬테시토 지역에서는 이러한 산사태가 21명의 인명피해를 초래하였다. 이 현상은 기후변화와 지구온난화로 인한 장기간의 가뭄과 기온 증가 → 토양의 건조와 증발산의 감소 → 산불 → 산사면의 불안정성 증가 → 강수 → 홍수와 산사태 → 댐/저수지의 붕괴 → 인명 피해로 연결되는 재난의 연쇄 효과(domino effect)로 나타난 것이다. 그러나 인류는 아직 이러한 연쇄 효과와 영향이 어떻게, 어느 정도로 발생할지에 대해서 이해하지 못하고 있다. 46억 년 나이의 지구가 5000년 인류 활동에 의한 영향에 대해 반응하는 방식은 누구도 경험해 보지 못한 미지의 영역이기 때문이다.

산불로 인한 재난의 연쇄 효과
(자료 : https://theconversation.com/the-risk-of-cascading-natural-disasters-is-on-the-rise-104192)

인류세와 인류의 지속가능성

지질시대 구분에서 인류세를 하나의 단위로 설정한다면, 그 시작과 끝이 있음을 의미한다. 앞서 말했듯이, 인류세의 시작은 산업혁명으로 보든지 인류의 시작점으로 보든지 간에, 그 마지막은 지구 안에서의 인류의 종말이 될 것이다. 지구 종말의 위협을 시간으로 표시한 지구종말의 시계(The doomsday clock)는 원래 인류의 핵무기 사용으로 인한 인류 멸망의 위험성을 시간의 관점으로 표현한 것으로 1947년에 7분 전으로 표시했다. 2020년 현재는 핵무기의 위협에 기후변화의 영향을 더하여 지구의 종말까지 남은 시간을 100초로 제시하였다. 여기에서 지구 종말이란 지구가 없어진다는 개념이 아니라, 더 이상 인류가 생존할 수 없음을 의미한다. 다시 말하면, 인류는 생존이 불가능하겠지만 여전히 지구는 존재하며, 그래서 지구의 역사에서 인류세의 시작

UN이 제시한 지속가능개발을 위한 목표 (https://news.un.org/en/story/2015/12/519172-sustainable-development-goals-kick-start-new-year)

과 끝이 결정되는 것이다. 어쨌든 인류는 46억 년의 지구 역사의 마지막 시간에 나타나서, 가장 짧은 시간 내에 자신들의 멸종을 초래할 수 있는 영향력을 발휘하고 있으며, 이러한 영향력으로 인류세(Anthropocene)라는 새로운 지질시대의 명칭까지도 제시되고 있다.

인류세라는 지질시대가 얼마나 오래 지속될 수 있을까? 인류활동이 이렇게 지구 환경에 심각한 영향을 미치게 된 원인들은 무엇인가? 어떻게 하면 인류의 **지속가능성**(sustainability)을 확장시켜 나갈 수 있을까?

인류의 지속가능성을 위협하는 문제들은 인류의 인구증가로부터 시작된다. 인류 역사의 대부분에서 인구수가 적었던 시기에는 지구에 미치는 인류 활동의 영향도 상대적으로 크지 않았다. 그러나 인구가 증가하면서 필요한 곡물생산량이 증가하고, 이를 위해서 인위적인 방식으로 농업용 부지를 확대하는 과정에서 브라질, 인도네시아 등 지구의 산소공급원이라고 하는 열대우림 지역에서는 인위적인 산불을 일으켜 산림을 농지로 변환시키고 있다. 지리적 한계로 더 이상의 용지를 확보할 수 없는 지역에서는, 단위면적당 곡물의 수확량을 증가시키기 위해서 다량의 비료와 농약을 사용하고 유전자가 조작된 곡물을 생산하고 있다. 그러나 이 과정에서 사용된 다양한 화학물질(비료, 농약, 제초제 등)들은 땅과 물을 오염시키고, 결국 인류는 더 이상 자연의 땅, 자연의 물과 더불어 살 수 없는 상황으로 몰리고 있다.

증기기관의 발명과 더불어 시작된 산업화는 인류의 생활에 막대한 변화를 주었다. 기계를 통한 대량생산이 가능해졌으며, 이로 인해 동일한 비용으로 더 많은 제품을 손쉽게 만들어 낼 수 있게 되었다. 이러한 삶의 편의성과 경제적 효율성의 증대는, 기계를 움직이는 에너지원인 석탄, 석유, 원자력 등 지구가 보유하고 있는 에너지의 사용을 기반으로 한다. 지속가능성이란 현재 세대의 삶의 형태와 지구자원의 이용 방식이 미래 세대의 자원 이용과 삶의 환경에 악영향을 주지 않는다는 것을 전제로 한다. 따라서 인류의 지속가능성을 확보하기 위해서는 우리가 사용하는 모든 물질과 에너지가 재생가능(renewable)하여야 한다.

그렇다면 닫힌계(closed system)인 지구 안에서 인류의 활동과 생활양식은 온전히 재생가능한가? 오늘날 인류가 가장 많이 의존하고 있는 에너지원인 석탄과 석유는 화석에너지로 수백만 년에서 수억 년 전에 만들어진 물질들을 사용하고 있는 것이다. 인류는 끊임없이 오랜 과거 지질시대에 만들어진 물질들을 지구에서 꺼내어 사용하고 있는데, 과연 얼마나 오래 동안 이러한 삶의 형태가 가능할지 예측하는 것은 쉽지 않겠지만, 닫힌계의 논리에서 보면 석탄, 석유, 원자력은 재생가능하지 않으며, 이들에 의존하는 현재와 같은 양식의 인류의 삶은 지속가능하지 않다.

끊임없이 새로운 제품을 만들어내고 그만큼 많은 제품들이 사용 후 폐기물로 버려지면서 인류는 한편으로는 물질의 풍요함을 누리고 있지만, 다른 한편에서는 폐기물 처리로 인한 환경 오염문제에 직면하고 있다. 특히 과학의 발전과 기술개발은 화학적 합성이라는 과정으로 자연에 존재하지 않는 신물질들을 만들어내면서 삶에 편리함을 제공하였지만, 이들은 결국 폐기물로 배출되었을 때 자연에서 분해되지 않고 수십~수백 년을 남아있게 된다. 육지에서 버려진 많은 폐기물들 중에서 일부는 바다로 쓸려나가 해양오염의 원인을 제공한다. 많은 미디어에서 보여주듯이 플라스틱 빨대가 코에 꽂혀있던 바다거

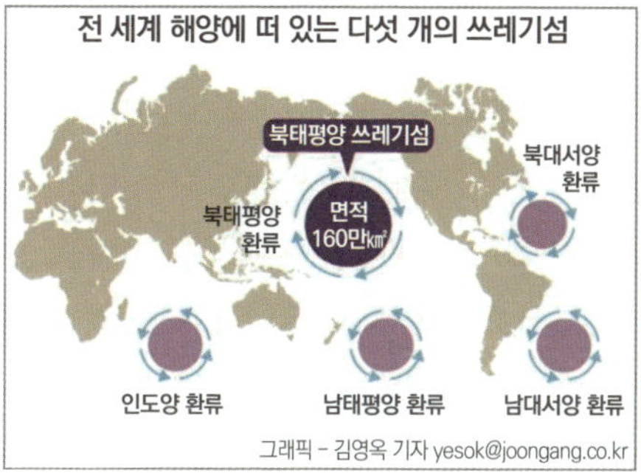

https://news.joins.com/article/23663394

북이의 모습이 미래 인류의 단면을 보여준다고 할 수 있다. 에린 브로코비치, 시빌 액션, 다크 워터스... 이들은 인류의 편리함과 경제성을 추구하는 삶의 양식이 주변 환경에 어떠한 영향을 미치고, 궁극적으로 인류에게 어떠한 모습으로 되돌아오는지를 잘 보여주는 영화들이다.

맺음말

앞에서 지구의 역사와 그 끝자리에 나타난 인류의 활동과 영향을 몇 가지 사례를 통해 간단히 살펴보았다. 인류는 지질시대의 구분에 한 자리를 차지할 정도로 그 영향력이 커졌으며, 그에 따라 지구도 반응하기 시작하였다. 그러나 인류활동에 의한 지구 환경변화에 대한 이해는 46억 년 중 산업혁명 이후의 약 150년 동안 자료에 근거하기 때문에, 지금 관측되는 많은 환경변화의 현상들이 우리가 이해하는 창(Window) 밖의 영역에 속한다. 따라서 인류의 활동은 예측 가능하지만, 그에 대한 지구의 반응은 과학적으로 예측 불가능하며, 결과적으로 지구의 반응이 인류의 지속가능성에 어떠한 영향을 미치게 될지는 정확한 예측이 불가능하다.

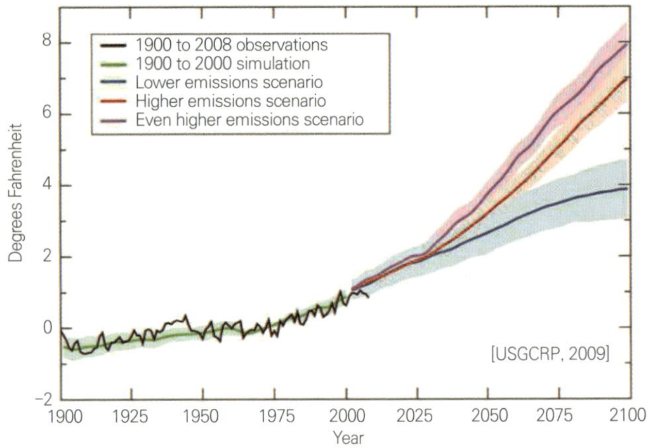

1900~2008년 관측자료에 근거한 시나리오별 지구온도 상승의 예측

지구시스템과학은 인류가 지구의 변화와 반응을 이해하는 창(window)이다. 과학은 과거로부터 현재까지 이르는 기간에 발생한 변화를 기반으로 미래에 발생할 현상을 예측한다. 인구의 증가와 산업화 및 경제발전 과정에서 인류의 활동은 지구온난화로 인한 빙하의 용해와 해수면의 상승, 대기 순환체계의 변화, 가뭄과 홍수, 산사태와 지진, 대기-토양-물의 오염 확산 등을 초래하여, 지구에서 인류의 지속가능성에 의문을 던져왔다. 따라서 거대한 지구의 변화 속에서 인류가 지속가능성을 확보하기 위해서는, 우리는 지속적으로 과학(Science)이라고 하는 창을 넓히면서 인류 활동의 영향을 지속적으로 관찰하여, 지구 환경에 대한 악영향을 최소화하는 노력을 쉬지 말아야 한다. 현재 우리의 생활 방식이 지구에 어떠한 영향을 미치는지 정확히 이해하여야, 다음 세대를 위한 인류의 지속가능성 확대가 가능할 것이다.

『하나님이 사람을 이끌어 에덴동산에 두사, 그것을 다스리며, 지키게 하시고』(창세기 2:15)

은하형성의 비밀

감사의 글

그림 6,7,8을 그려준 최호승, 박민정, 한산 연구원에게 감사를 표합니다.

초고를 읽고 피드백을 준 김동현 연구원에게 감사합니다.

은하형성의 비밀

이 석 영
천문우주학과 교수

밤조차도 밝은 도시를 떠나 때 묻지 않은 자연으로 숨고 싶은 것은 나 하나만은 아닐 것입니다. 소백산 어느 산자락이든, 양평의 낮은 언덕이든 조금만 도시광(city lights)이 적은 곳에 가게 되면 누구든 제일 먼저 하늘을 바라봅니다. 그러면 그곳에는 어김없이 도시의 네온사인보다 희미하지만, 훨씬 오묘하고 찬란한 별들이 그 자태를 드러냅니다. "아니, 저게 언제부터 저기에 있었지? 하늘에 별이 원래 저렇게 많았어? 저게 다 뭐지?" 끝없는 자문이 이어집니다.

대도시의 밤하늘에는 보통 스무 개 정도의 가장 밝은 별만 보입니다. 눈이 좋은 사람들은, 맑은 밤하늘에서 북두칠성이나 오리온자리를 찾으면 그나마 좋은 날이라고 할 수 있지요. 도시를 조금 떠나보면 그곳의 하늘은 수백 개의 보석으로 빛나는 것을 볼 수 있습니다. 어두운 지역으로 갈수록 별의 수는 점점 더 많이 드러나지요. 제가 기억하는 잊지 못할 장관은 미국을 횡단할 때 경

유한 애리조나주의 그랜드캐니언에서였습니다. 정말 깜짝 놀랐습니다. 이렇게 많은 별이 있(었)다니. 수백, 수천, 수만을 넘어 셀 수 없이 펼쳐진 하늘의 전구들이 은하수를 형성한 것을 보며 생애 최초로 하늘에 대해 경외감을 느꼈습니다. 그림 1은 멋진 은하수입니다.

이 많은 별을 보면서, "그들이 다 어디에서 왔을까? 우주는 정말 끝이 없을까?" 질문하게 되지만, 사실 하늘에 보이는 별의 대부분은 우리 은하에 속한

〈그림 1〉 칠레 아타카마 소금호수 위로 나타난 은하수.

출처 : Alex Tudorica (AlfA, U. Bonn) https://apod.nasa.gov/apod/image/1409/AtacamaSaltLagoon_tudorica_2320.jpg

것입니다. 우리 은하는 기본적으로 납작한 원반의 형태를 보이는데, 중심부로 갈수록 별이 급격히 많지만, 우리 지구가 속한 태양계는 은하의 원반 중심에서 2만 5천 광년 떨어진 변두리에 있기 때문에, 우리 지구의 위치에서 하늘을 보면 유난히 별이 많이 모여 있는 곳이 보이기 마련입니다. 즉, 별이 밀집해 있는 우리은하의 원반과 중심 방향 하늘이 밝게 드러나는 것이 은하수입니다. 경기도 양평에 사는 사람이 360도 주변 하늘을 둘러보면 서울 방향 하늘이 밝게 보이는 것과 마찬가지이지요.

은하는 우리 인류의 생물권입니다. 지구환경을 연구하는 생물학자나 기후학자들에게는 지구 자체가 생물권이라고 생각되겠지만, 우리 천문학자들의 관점에서는 최소한 우리은하 전체를 이해해야 우리 인류의 탄생과 존재에 관해 이해할 수 있습니다. 우리은하는 약 천억 개의 별을 가집니다. 그중 작은 것은 태양질량의 10%도 안 되지만, 큰 것은 태양질량의 100배를 넘기도 합니다. 태양은 그중 가장 보편적인 질량과 크기를 가진 보통의 별입니다. 태양은 약 45억 년 전에 태어나서 지금까지 꾸준히 생명 탄생과 유지에 필요한 빛에너지를 공급하고 있습니다. 그렇다고 태양이 이런 능력을 당연한 듯 "유산"으로 물려받은 것은 아닙니다. 태양은 성간 기체가 중력에 따라 수축할 때, 위치에너지가 열에너지로 변환한 결과 온도가 천만 도 이상 도달한 중심부에서 수소를 연소시켜 헬륨을 만드는 과정을 통해 에너지를 얻습니다. 이 과정은 참으로 복잡하고 어려운 과정인데, 양자역학의 터널효과가 중요한 역할을 했지요. 한 번 방아쇠가 당겨진 별의 핵융합은 꼬리를 물고 이어져 수억 년에 걸쳐 중심부가 1,500만 도에 도달하면 비교적 안정적으로 그 크기와 표면 온도를 유지하게 됩니다. 그리고 40억 년이 흘러온 것입니다. 지금 태양의 표면온도가 1%만 오르거나 내리면 지구의 생물권은 수년 내에 붕괴하고 말 겁니다. 지구를 이해하기 위해 태양의 이해가 필수인 것은 말할 나위가 없습니다.

태양은 혼자 존재할 수 없습니다. 우리은하에 속한 대부분의 별은 원반에서 수천 개 이상의 별이 무리를 지어 탄생하고, 은하 중심에 대해 공전운동을 합니다. 태양은 대략 2억 년 주기로 원반에서 공전운동을 하는데, 이 운동 중에 밀도 높은 지역을 통과하기도 하고 반대의 경우도 있어서 그 운명을 쉽게 점칠 수 없습니다. 별들이 대부분 수천, 수만 개의 별과 함께 탄생하고, 대다수 별들은 두세 개씩 중력적으로 가깝게 묶여서 태어나고 살아가는데, 이런 환경 속에서는 행성이 안정된 궤도로 존재할 수 없습니다. 실제로 두 별이 함께 사는 쌍성 시스템의 경우 행성을 보유하지 않는 것으로 알려져 있습니다. 행성을 보유하는 별이라도 고밀도 지역인 성단 속에 사는 경우 주변 별들과의 중력 상호 작용에 의해 행성을 다 잃기가 십상입니다. 우리가 당연하게 여기는 우리의 일상은 결코 쉽게 얻어진 것이 아닙니다. 우리은하에는 대략 천억 개의 별이 있다고 하는데, 태양의 탄생과 운명은 그들과 오묘하게 연결되어 있어서 결코 독립적으로 생각할 수 없습니다. 수없이 많은 행성 중에 과연 몇 개나 지적생명체를 품을 수 있을까는 천문학의 오래된 문제입니다.

20세기 은하형성 연구

지금까지 파악된 은하는 벌써 천억 개 이상입니다. 우리은하 밖의 은하 존재를 과학적으로 발견한 것은 1920년대입니다. 그 이전에는 우리은하 자체가 우주인 줄 알았지요. 에드윈 허블이 안드로메다 성운이라고 불리던, 당시만 해도 우리은하 안에 있는 성간 기체 더미인줄 알았던 천체가 사실은 은하라는 것을 밝혔지요. 그 이후로 수없이 많은 은하가 발견되었고, 허블의 은하 분류법은 오늘까지도 은하 연구의 기본이 되고 있습니다. 지금까지 알려

〈그림 2〉 나선은하의 일반적인 모습. (왼쪽) NGC 4565. 원반을 옆에서 본 모습 (오른쪽) NGC 5457 은하를 원반 위에서 본 모습

출처 : NGC 4565: (Howard Trittier) http://annesastronomynews.com/photo-gallery-ii/galaxies-clusters/the-needle-galaxy-ngc-4565/NGC 5457: NASA/ESA K. Kuntz https://hubblesite.org/image/3900/printshop]

진 은하의 다채로움은 동물원이나 식물원을 능가합니다. 우리은하와 같은 나선은하는 납작한 원반 모습이고 원반 안에 경이로운 나선팔을 가집니다. 거대한 중력체가 이렇게 납작한 모습을 하는 것은 아무리 생각해 봐도 부자연스럽습니다(그림 2). 거대한 공 모양의 타원은하는 태양질량의 1조 배를 훌쩍 넘는 규모를 자랑하는데, 놀랍게도 별을 거의 만들지 않습니다. 그림 3은 대표적인 은하 몇 개를 소개합니다. 나선은하가 다양한 나이의 사람들로 구성된 보통의 도시라면, 타원은하는 서울이나 뉴욕처럼 큰 도시인데 60세 이하인 사람이 거의 없는 것으로 비유할 수 있습니다. 이런 거대타원은하들은 또한 그 중심에 태양질량의 10억 배에 달하는 블랙홀을 가진 것으로 관측되어 우리의 궁금증을 증폭시킵니다. 은하 관련 미스터리는 끝이 없습니다. 도대

〈그림 3〉

다양한 은하들 (왼쪽 위) 나선은하 NGC 4414, (오른쪽 위) 막대나선은하 NGC 1300. 막대구조가 두드러진다. (왼쪽 아래) 타원은하 M87. 1조 개의 별을 거느리는 거대 은하, (오른쪽 아래) 전파은하 허큘리스 A. 가운데 보이는 평범한 타원은하의 블랙홀로부터 거대한 전파 에너지가 불기둥처럼 나오고 있다.

출처 : ❶ NGC 4414 (Hubble Heritage Team) https://en.wikipedia.org/wiki/Galaxy#/media/File:NGC_4414_(NASA-med).jpg

❷ NGC 1300 (Hubble Heritage Team) https://en.wikipedia.org/wiki/Barred_spiral_galaxy#/media/File:Hubble2005-01-barred-spiral-galaxy-NGC1300.jpg

❸ M87 (Canada-France-Hawaii Telescope, J.-C. Cuillandre, Coelum) https://apod.nasa.gov/apod/ap040616.html

❹ 전파은하 허큘리스 A (VLA) https://blog.galaxyzoo.org/2014/02/03/the-curious-lives-of-radio-galaxies-part-one/

체 이 다양한 은하들은 어디에서 온 것일까요? 은하들은 늘 우주에 있었던 것일까요? 아니면 별들도 태어나고 수명을 다하는 것처럼 은하들도 탄생과 소멸이 있는 걸까요?

천문학 역사상 가장 위대한 망원경 프로젝트였던 허블우주망원경이 1990년에 궤도에 오르자마자 제일 먼저 천문학자들이 시도한 프로젝트 중 하나는 바로 은하의 처음 모습을 찾아보는 것이었습니다. 우주망원경을 띄우는 주된 이유 중 하나는 천체의 영상을 더 또렷하게 보기 위해서입니다. 별빛이 지구 대기를 통과할 때, 대기와의 상호작용 때문에 천체의 영상이 흐려지는데, 이를 극복하고자 큰 노력을 기울여 우주 공간에 망원경을 띄웁니다. 디스커버리 우주왕복선에 실려 하늘로 올라간 허블우주망원경은 그 거울의 지름이 2.4m로 지상에 있는 다수의 망원경보다 현저히 작지만, 우주 공간에 있다는 이유 하나만으로 인류가 지금껏 볼 수 없었던 것을 보여주었습니다. 허블우주망원경은 지상 590km 상공에서 대략 90분에 한 번씩 지구를 공전합니다. 초속 8km의 속력으로 움직이는 동안 먼 우주를 지속해서 주시하여 어두운 천체의 영상을 얻은 것은 이 망원경의 대표 성과입니다. 무려 지구궤도를 400번이나 도는 동안 우주 끝을 바라봅니다. 400 회전이라고 하지만 사실 계속 망원경의 빛 검출기가 한 곳을 연속적으로 응시할 수는 없습니다. 망원경이 움직이는 동안 태양이 시야의 아주 먼 근처에라도 들어오면 검출기가 타버리므로 90분 중에 대략 20분 정도만 눈(검출기)을 뜨고 관측을 할 수 있기 때문입니다. 눈을 뜨고 감기를 4개월 동안 한 후, 아무것도 보이지 않던 우주의 끝에서 희미한 천체들이 들켰다고 투덜대며 모습을 드러냅니다. 이것이 그 위대한 허블 딥필드 프로젝트입니다.

〈그림 4〉 허블 울트라 딥필드(Hubble Ultra Deep Field). 100억 년 전 우주에 어린 은하들이 많다.

출처 : NASA, ESA, H. Teplitz, M. Rafelski, A. Koekemoer, R. Windhorst, and Z. Levay
https://hubblesite.org/image/3886/category/58-hubble-ultra-deep-field

허블 딥필드는 먼 우주에도 은하가 존재함을 보여주었습니다(그림 4). 은하의 빛을 분광 관측을 통해 스펙트럼을 얻어 분석해 보니, 그 거리가 대략 200억 광년에 달합니다. 우주가 팽창해 온 과정을 고려하면, 지금으로부터 120억 년 전에 이 은하들이 발산한 빛이 오늘 우리 망원경에 도달한 것입니다. 이때 이 은하들을 구성한 별들의 나이는 대략 20억 년 미만으로, 우주의 나이로 보자면 "어린이" 은하이지요. 이 영상이 발견한 수백 개의 은하의 모습을 보면 역시나 오늘의 은하와는 달리 아직 비대칭적이고 불완전한 모습이 많습니다. 은하는 광활한 우주 공간 어디에도 산재하고 먼 과거에도 있었습니다. 하지만 먼 우주의 은하는 어린 모습입니다. 즉 우주는 분명히 시작이 있고, 은하도 시작과 끝이 있다는 것입니다. 이제 은하의 기원과 운명을 밝히는 것이 우리의 목표입니다.

그러면 도대체 은하들은 언제 어떻게 만들어졌을까요? 나선은하는 왜 그렇게 납작한지, 타원은하는 왜 별을 만들지 않는지, 그 다양한 특성의 기원을 밝힐 수 있을까요? 소설가 김훈은 〈내 젊은 날의 숲〉에서 식물학자의 입을 빌려 "꽃은 말하여질 수 있는 것이 아니다. 꽃은 본래 스스로 그런 것이다."라며 아름다운 꽃은 설명될 수 있는 것이 아니라는 표현을 합니다. 정확히 이것이 은하에 대해 많은 천문학자가 지난 100여 년 동안 가졌던 태도였습니다.

현대 우주론적 이해

은하를 이해할 수 있을지 모른다는 희망이 우주론의 이해와 함께 다가왔습니다. 거대한 은하의 형성과정을 밝히기 위해서는 그 은하보다도 훨씬 큰 공간에서 우주의 역사와 같이 긴 시간 동안 어떻게 물질이 뭉치고 흩어지는지를 사실적으로 재현해 낼 수 있어야 합니다. 그러기 위해서는 우주의 나이는 얼마인지, 우주 공간은 어떤 방식으로 팽창해 왔는지, 암흑물질, 바리온물질 등을 포함한 우주의 에너지 구성은 어떠한지 등 우주론적 이해가 선행되어야 하는데, 인류의 총체적인 우주론적 이해가 이 시기에 가능해졌습니다.

우주가 팽창하고 있다는 것은 1920년대 은하 관측(허블-르메트르 법칙)과 1960년대 우주배경복사의 발견을 통해 알게 되었습니다. 우주에 원자로 구성된 보통물질 바리온(baryons)보다 정체를 알 수 없지만, 질량을 가진 찬암흑물질(cold dark matter)이 6배나 더 많다는 것은 1930년대부터 1990년대 다양한 은하, 은하단, 그리고 우주 거대구조 관측을 통해 알게 되었지요. 마지막으로 21세기가 시작하는 즈음엔 오늘날 우주의 총에너지의 대부분이 암흑에너지 형태로 있는 듯하다는 생각까지 하게 되었습니다. 우주가 왜 큰 폭발과 함께 시작했는지, 우주가 왜 그렇게 정교하게 설계된 듯한 에너지밀도를 갖는지, 또 실재한다면 암흑물질과 암흑에너지의 정체는 뭔지 등 굵직한 질문이 아직 존재하지만, 현재 많은 관측자료를 어느 정도 설명하는 우주론적 이해, 즉 조화모형(concordance model)을 갖게 된 것은 사실입니다.

조화모형은 현재까지 많은 천체관측자료를 비교적 만족스럽게 설명하는 우주론 모형인데, 이는 다음과 같이 요약됩니다. 현재 우주는 우주의 공간 기하를 평평하게 즉 유클리드(Euclid)기하를 만족하게 하는 딱 그만큼의 에너지밀도(임계밀도)를 보유하고 있습니다. 이게 매우 흥미로운 일인데, 우주 초기의 에너지 밀도가 그 당시의 임계밀도에서 아주 작게라도 벗어나 있다면 시간이 흐를수록 그 차이가 시간에 비례하여 커지게 되어 현재 시점에는 더욱 크게 벗어나야 합니다. 현재 임계밀도와 거의 같은 것으로 관측되는 것을 보면, 먼 과거부터 우주의 밀도는 정교하게 조정되어 태어났다는 뜻인데, 이게 수학적으로 받아들이기에 매우 부자연스러운 것입니다. 이른바 편평도의 문제라고 불리는 이 문제는 급팽창(inflation)이론으로 해결이 되긴 하는데, 급팽창이론은 그대로 새롭고 복잡한 개념이어서 문제가 해결된 것인지 더 어려워진 것인지 분간이 쉽지 않습니다.

조화모형의 두 번째 중요한 특성은 에너지 구성입니다. 현재의 우주의 경우, 총에너지 밀도의 약 4%는 원자로 구성된 보통물질이고 우리가 보통 알고 있는 별, 은하, 기체 등이 모두 여기에 포함됩니다. 24%는 암흑물질, 그리고 72%는 암흑에너지입니다. 암흑물질은 그 영향은 다각적으로 측정이 가능하지만 정체를 모르고, 암흑에너지는 측정도 어렵고 정체도 모호하므로, 결국 "나는 우주에 관해 꽤 잘 아는데, 그걸 굳이 말로 하자면 대략 4%만을 알고 있다는 것이다."고 말하는 것과 같습니다. 그런데도 불구하고 지금까지는 정황

적 증거가 많이 발견되고 있어서 조화모형이 크게 주목을 받고 있습니다. 조화모형이 크게 지지를 받는 가장 큰 이유는 우주배경복사 관측자료 때문입니다. 빅뱅 후 38만 년 시점에 3천 도로 뜨거웠던 초기우주가 품었던 빛 입자가 그 후로 우주가 천배 팽창한 후 오늘날 3도의 에너지를 가진 "화석"(물론 빛입니다)으로 발견되었는데, 무수히 많이 발견된 이 우주배경복사가 조화모형의 증거입니다.

이런 조화 모형에 의하면, 우주의 나이는 현재 대략 137억 년입니다. 우주는 빅뱅 이후로 계속 팽창해 왔습니다. 은하 형성을 이해하기 위해서 가장 중요한 정보는 우주가 얼마나 오랫동안 팽창해 왔는지, 즉 우주의 나이와 우주의 에너지 구성입니다. 특히 암흑물질의 성질과 양이 중요한데, 여기에 관해서는 이견이 많지 않습니다. 암흑에너지의 정체와 양은 최근 50억 년 정도 동안 우주의 팽창속도에 영향을 주는데, 은하 형성에 큰 영향을 줄 것 같지 않다는 것이 제 개인적인 추측입니다. 자, 이제 조화모형 우주가 어떻게 은하를 만들었는지 살펴보겠습니다.

21세기 은하 만들기

20세기의 용감한 소수 연구자는 은하를 만들어 보기 위해 우주의 작은 지역에서 어떻게 물질이 모여 은하의 모습을 갖추는지 컴퓨터로 모의실험(simulation)을 수행했습니다. 기체가 중력 집결해서 수축하고 그 과정에서 별들이 생기고, 별들이 모여서 은하들 만든다는 그런 시도입니다. 그런데 도대체 초기조건을 어떻게 주어야 하며, 정말 은하가 작은 공간 내에서 외부의 영향 없이 만들어지는지는 의문입니다. 그래서 2014년에 드디어 은하 형성을 사실적으로 구현하는 시도가 전 세계적으로 벌어졌습니다. 그 연구팀 중 하나인 일러스트리스(Illustris)는 독일과 미국 연합팀이고, 이글(Eagle)은 영국-네덜란드 연합팀, 그리고 호라이즌AGN(Horizon-AGN)은 프랑스-영국-스위스 연합팀입니다. 세 팀 다 계산을 프랑스에 위치한 동일한 슈퍼컴퓨터를 사용하여 수행했습니다. 세 팀 모두 초기조건으로 우주배경복사를 사용했습니다. 우주배경복사는 빅뱅 후 38만 년 당시 우주의 밀도분포가 지역에 따라 십만분의 일 정도씩 달랐다고 제시합니다. 우주의 초기 밀도분포가 완벽히 균일했다면, 우주 팽창 과정 동안 흥미로운 발달을 기대할 수 없을 텐데, 미세한 밀도 변이가 있어서 그게 137억 년 우주 역사 동안 우주 구조 발달의 씨앗 역할을 한 것입니다.

세 팀은 각각 비슷한 규모의 우주 공간을 모의실험했는데, 한 변이 대략 3억 광년인 정육면체입니다. 이 공간 안에 바리온 보통물질과 차가운 암흑물질을 관측이 제시하는 대로 1:6으로 넣고, 우주배경복사가 제시하는 대로 십만 분의 일 차이를 주어 분포시킵니다. 그리고 137억 년을 기다립니다.

처음 일이십억 년 동안은 우주의 질량을 지배하는 암흑물질의 중력 현상이 눈에 띕니다. 원래는 미세한 밀도 차이만 있었지만, 긴 세월 동안 밀도가 높은 지역은 더욱 밀도가 높아지게 됩니다. 중력과 시간의 조합은 실로 무섭습니다. 20억 년 정도 지난 우주의 곳곳에 암흑물질들이 중력 집결하여 중력장, 이른바 암흑헤일로(dark halo)를 만듭니다. 시간이 지날수록 암흑헤일로는 성장하고 우주에는 전에 없던 구조물들이 생깁니다. 물론 눈이나 망원경에는 안 보이는 암흑물질 구조물이죠. 어디로 갈지 갈피를 못 잡던 바리온 보통물질은 이미 암흑물질이 파놓은 중력장으로 빨려 들어갑니다. 도시를 향해 몰려드는

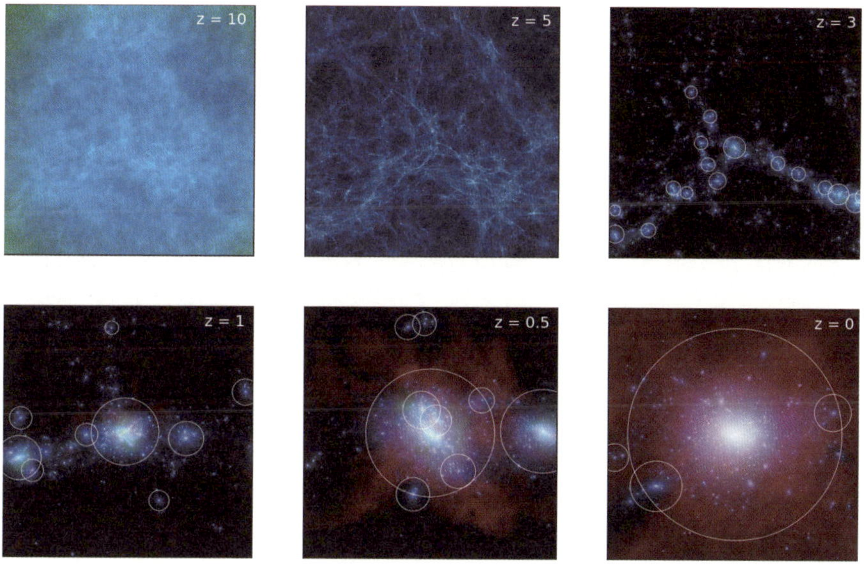

〈그림 5〉

우주의 물질이 시간에 따라 응집하여 천체를 만드는 과정. 왼쪽 위에서 오른쪽 아래까지 빅뱅 후 5, 12, 21, 59, 86, 137억 년 시점의 한 변이 1,800만 광년인 정육면체 우주의 모습이다. 파란색은 암흑물질, 흰색은 별, 붉은색은 평균 기체 온도를 나타낸다. 흰색 원은 $10^{12.5}$태양질량 이상의 암흑헤일로이다. 초기우주는 거의 암흑물질만 균일하게 존재하지만, 시간이 흐름에 따라 암흑물질이 모여 헤일로를 만들고 헤일로가 커짐에 따라 바리온 기체가 유입되어 별이 탄생한다. 최후에는 10^{15}태양질량의 거대 은하단이 탄생했다. YZiCS 은하단 수치모사 실험.

출처 : 연세대학교 은하진화 연구실 (한산, 최호승, 이석영)

이방인들처럼, 미끄럼틀을 내려오는 아이들의 엉덩이가 뜨거워지고 웃음소리가 커지는 것처럼, 암흑헤일로 안으로 유입되는 바리온 기체는 뜨거워집니다. 미끄럼틀이 길면 길수록 엉덩이는 더 뜨거워지죠.

암흑헤일로 중심으로 몰려든 바리온기체들은 그 당시 존재하던 원자(주로 수소와 헬륨)의 다양한 에너지 준위 간의 천이를 통해 다시 차가워지고, 그 온도가 충분히 내려가면 별이 탄생하게 됩니다. 태어난 별 중 몸집(질량)이 큰 것일수록 중심부 온도가 높아서 폭발적으로 핵융합을 하고 헬륨보다 무거운 복잡한 원소들을 만들어 냅니다. 태양 질량보다 10배 이상 큰 별들은 천만년 정도의 (천문학 개념상) 극히 짧은 삶을 마치고 초신성과 같은 여러 종류의 폭발을 하게 됩니다. 이때, 산소, 네온, 실리콘, 마그네슘, 철 등 온갖 무거운 원소들이 우주에 뿌려집니다. 무거운 원소들은 전자를 많이 포함하므로 가능한 에너지 천이가 월등히 많아서 더 쉽게 차가워지기 때문에 무거운 원소가 포함된 새로운 기체는 별 탄생도 더 쉽게 합니다. 거의 폭주(runaway)와 같은 이런 현상은 은하의 탄생을 초래합니다.

이렇게 탄생한 원시은하는 정해지지 않은 혼란한 모습을 갖습니다. 처음엔 워낙 기체가 여러 방향으로 들어오고, 뭉쳐진 기체들끼리 혼란스러운 충돌 병합을 하기 때문이죠. 은하가 만들어지는 과정 중에 계속 기체가 외부로부터 유입됩니다. 외부에서 유입되는 기체는 먼저 암흑헤일로 안으로 들어오고, 마치 비 오는 날 산길에서 빗물이 먼저 난 물길을 따라 내려오듯이, 먼저 유입된 기체의 발자취를 따라서 흘러들어옵니다. 은하마다 적은 수의 "물길"을 갖게 되는데, 그 벡터의 합은 완전히 상쇄되기 어렵고 어떤 방향성을 갖게 마련입니다. 결국 각지에서 모여든 기체는 은하에 도달한 후 벡터의 합에 따라 한 방향으로 회전을 하게 됩니다. 그리고 그 회전하는 기체 원반에서 탄생하는 별들 또한 같은 각운동량으로 회전을 하게 되지요. 이렇게 원반을 가진 나선은하가 태어납니다(tidal torque theory).

암흑헤일로는 병합과 충돌을 통해 소멸하고 성장합니다. 우주 초기에 고른 밀도 분포에도 불구하고 상대적으로 제일 밀도가 높던 지역은 훗날 거대한 중력장으로 발달하여 은하단을 형성합니다. 그림 5는 우리 연구팀이 은하단 형성을 슈퍼컴퓨터로 재현한 것인데, 십만분의 일의 미미한 밀도 차이가 중력과 137억 년이라는 시간과 만나면 어떤 일이 벌어지는지를 보여줍니다.

앞서 언급한 세 연구팀의 수치모사 모의실험은 수치모사 계산방식도 다르고, 초기조건도 다르고, 별 생성 조건, 블랙홀 현상 등 중요한 천체물리현상에 관한 계산 방법 등에 차이가 있지만, 그래도 서로 간에 꽤 비슷한 결과를 얻었습니다. 각 모의실험 공간 안에서 대략 십만 개의 은하가 형성되는 것을 목도하게 되었지요. 많은 은하는 처음에는 뚜렷한 형태 없이 태어나고, 일정 시간이 지나면 많은 원시은하가 나선은하가 되었습니다. 하늘을 보면 어마어마하지만, 우주는 사실상 거의 텅 비어 있습니다. 우주의 평균 물질 밀도는 오늘날 지구상에서 만들 수 있는 최고의 진공시설보다 천배 이상 더 진공입니다. 따라서 이렇게 탄생한 은하들은 주변에 다른 은하가 없기가 쉽습니다. 우리은하도 250만 광년 거리나 가야 안드로메다은하가 있고 그다음에 있는 큰 은하는 천만 광년이나 떨어져 있습니다. 따라서 이렇게 탄생한 나선은하는 대부분 우주의 역사 속에서 외부의 큰 영향 없이 꾸준히 주변 기체를 천천히 끌어들이며 소소히 별을 만들며 살아갑니다. 기체가 충분히 유입되는 동안은 나선팔도 유지됩니다. 우리은하가 바로 이런 경우라고 볼 수 있습니다.

우주 공간 안에 초기부터 밀도가 높았던 지역은 점점 더 밀도가 높아짐에 따라 더욱더 무겁고 큰 암흑헤일로를 갖추게 됩니다. 보통 은하를 품고 있는 암흑헤일로는 은하 질량의 10배쯤 되지만, 고밀도 지역의 암흑헤일로는 자기들끼리 계속 병합을 하게 되어 오늘날 발견되는 최대의 암흑헤일로는 은하 질량의 십만 배 이상 되는 것도 있습니다. 이렇게 빠르게 성장하는 암흑헤일로에는 주변의 많은 은하가 중력적으로 끌어들여집니다. 큰 도시가 만들어지는 것과 같지요. 암흑헤일로가 빠르게 성장하는 과정 중에 들어오는 은하들은 갑자기 전에 경험한 적 없는 이웃(은하)이 생겼으므로 은하 간 중력 상호작용을 하게 됩니다.

때에 따라 은하간 충돌이 일어나 하나가 되는 병합이 일어나고 이렇게 은하가 병합되는 경우엔 이전 모습을 잃기가 쉽습니다. 예를 들어, 원반은하 두 개가 충돌하여 병합하면 대부분 모습이 헝클어진 타원형 은하가 됩니다. 특별히 큰 암흑헤일로는 깊은 중력장을 갖기 때문에 그 안에 들어온 은하가 빠른 속도록 움직입니다. 천여 개의 은하를 가지는 거대 은하단의 경우 그 질량이 태양질량의 천조 배 정도 되는데, 그 안에 있는 은하들은 초속 1000km 이상의 속도로 궤도운동을 합니다. 이런 극한 상황에서는, 은하의 기체 입자들이 암흑헤일로 내에 있는 다른 기체 입자들과 상호작용을 하게 되어 날아가 버리게 됩니다. 이른바 램 압력(Ram pressure) 현상입니다. 어릴 때 체육 선생님이 먼지 날리게 뛰어오라고 하신 적이 있는데, 바로 그 형국이지요. 거대한 암흑헤일로 내에서 빠른 궤도운동을 오래 할수록 기체를 많이 잃게 되어 결국은 별을 만들 수 있는 기체가 고갈되게 됩니다. 바로 이런 일련의 과정을 통해 은하단에 속한 타원은하들 대다수가 저온 기체를 갖지 않고 별 생성도 하지 않게 된 것입니다.

100년 동안 "꽃"처럼 여겨지던 은하의 탄생 비밀이 살짝 드러나는 듯합니다. 2014년의 세 연구팀의 연구 결과는 지난 6년간 수백 편의 논문을 통해 세상에 알려졌습니다. 우리가 드디어 은하 형성의 비밀을 풀게 된 것일까요?

최첨단 슈퍼컴퓨팅 수치모사 모의실험(supercomputing numerical simulation)

2014년 시뮬레이션은 각각 십만여 개의 은하를 다양한 우주 환경에서 재현하는 성과를 얻었지만, 계산자원의 한계 때문에 은하를 사실적으로 구현하지는 못했습니다. 당시 세 연구팀은 수천 (5000-8000) 개의 컴퓨터 코어를 병렬 연결하여 약 1년에 걸쳐 수치모사 계산을 수행했는데, 이렇게 재현된 은하모형의 공간해상도는 중력 계산상 3천 광년 정도입니다. 나선은하의 원반의 두께가 보통 3천광년보다 작은 것을 고려하면, 은하를, 즉 은하 속 별의 분포를 사실적으로 재현하기에는 턱없이 부족한 해상도입니다. 올림픽 멀리뛰기 시합에서 금메달 줄 선수를 찾기 위해 눈금이 10미터씩 표시된 자를 사용하는 것에 비유할 수 있지요. 결과적으로 나선은하의 납작한 모습을 사실적으로 재현해 내지 못했습니다. 이는 은하가 왜 납작해지는지 그 모양의 기원을 파악하지 못했다는 것입니다.

이 치명적인 "해상도 문제"를 극복하기 위한 시도가 곳곳에서 벌어지고 있습니다. 대표적인 시도는 일러스트리스 연구팀의 일러스트리스-TNG50 프로젝트입니다. 이는 이전과 같은 계산자원을 사용하되, 실험하는 우주의 공간을 8분의 1로 줄이는 대신 공간해상도를 이전보다 3분의 1로 작게 개선하는 기획입니다. 2019년에 완성된 이 프로젝트를 통해, 작아진 공간 때문에 은하의 수는 8분의 1로 줄었지만, 대신 900광년 정도의 공간 해상도를 얻게 되었습니다. 나선은하 원반을 수직 방향으로 3개 정도의 중력계산 그리드로 분해한 것이니, 이전보다는 확실히 향상된 계산입니다.

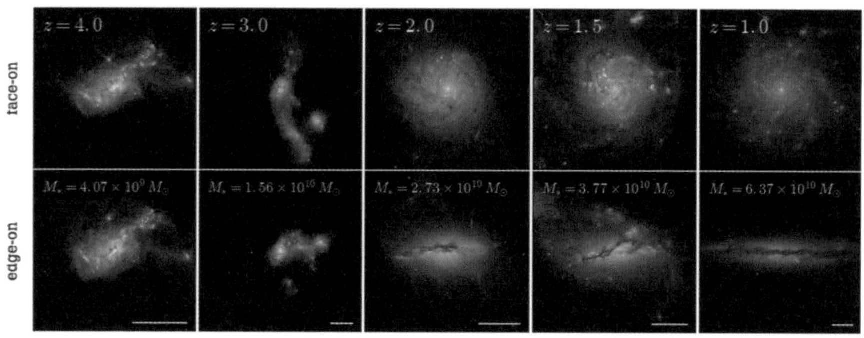

〈그림 6〉
뉴호라이즌 시뮬레이션이 제시한 나선은하가 원반을 만드는 과정. 빅뱅 후 16억 년, 21억 년, 33억 년, 43억 년, 59억 년 시점에 동일한 은하의 모습을 은하의 회전축을 위에서 본 방향 (위)과 옆에서 본 방향 (아래)으로 나누어 나타냈다. 이 은하의 경우, 우주의 나이가 대략 50억 년 된 시점에 원반을 형성하였다. [연세대학교 최호승 연구원 제작]

출처 : 연세대학교 은하진화 연구실 (최호승, 이석영)

해상도를 더욱 향상하기 위해 호라이즌 연구팀은 이보다 더 작은 공간, 즉 지름 6천만 광년의 구형 공간에서 더 적은 수의 은하를 100광년 공간해상도로 구축하고 있습니다. 프랑스와 한국에서 슈퍼컴퓨팅 시간의 70%와 30% 정도 이바지하여 수행 중인 이 뉴호라이즌(NewHorizon) 프로젝트는 현존하는 세계 최고 해상도의 우주론적 규모 은하 형성 수치모사 모의실험입니다. 뉴호라이즌팀은 4800개의 코어를 병렬 연결하여 2년 넘게 계산 중인데, 현재 우주의 나이 108억 년 시점을 통과하고 있으니, 우주 전 역사의 80% 정도 계산을 마친 것입니다. 지금까지 완료된 계산을 통해 연구 결과가 논문으로 출판되기 시작했는데, 그 주제는 나선은하의 형성, 블랙홀의 중력파 검출, 최초의 별, 저밀도 은하, 은하병합의 영향 등 다양합니다.

뉴호라이즌 시뮬레이션은 나선은하의 원반이 어떻게 만들어졌는지 그 상세한 과정을 드러냅니다. 앞서 소개한 2014년의 시뮬레이션 연구가 이미 우주 초기에 복잡한 원시 은하 간의 병합과 충돌이 마무리되는 시점에 은하가 원반으로 발달하게 되었다는 것을 보여주었지요. 그런데 뉴호라이즌에 의하면 원반은하의 형성은 생각보다 더 복잡했습니다. 은하가 회전하게 되고 원반을 갖게 되는 내용은 이전 이해와 비슷하지만, 정확히 왜 원반이 만들어지는지 그 이유를 하나로 꼭 집어 말할 수가 없습니다. 우리 연구팀은 현재 이 문제로 골머리를 앓고 있지요. 여하튼 대부분의 큰 은하는 빅뱅 후 대략 50억 년 되었을 때 큰 원반을 갖추게 되는 것으로 보입니다. 한 은하가 원반을 갖추는 과정을 그림 6이 보여줍니다.

일단 원반이 형성되면 이 은하가 다른 큰 은하와 충돌하지 않는 한 오래 유지됩니다. 이때 중요한 것은 이 은하가 충분히 기체를 갖는가입니다. 은하가 별을 만들수록 기체는 고갈되는데, 충분한 양의 기체가 원반에 있어야만 실제 은하와 같이 납작한 원반이 유지됩니다. 여기에는 흥미로운 이유가 있습니다. 별들과 비교하면, 기체는 상호작용을 통한 마찰을 더 많이 겪고 역학적으로 저온화되기가 쉽기 때문에 더 얇은 원반을 형성합니다. 거의 모든 은하의 경우, 별의 분포보다 저온기체의 분포가 더 얇은 원반을 형성하는 이유지요.

그런데 별은 저온 기체로부터 만들어지기 때문에, 막 태어난 별들은 매우 얇은 원반의 형태로 움직입니다. 그리고 은하중심에 대해 비교적 원 궤도를 돌며 공전하는 어린 별들은 원반 내의 다른 천체나 구조물에 의해 방해(역학적 섭동)를 받아서 점차로 처음 태어난 곳보다 은하중심에서 밖으로 또 은하면에서 멀리 (위나 아래로) 벗어나게 됩니다. 그래서 나이가 많은 별일수록 더 두꺼운 원반을 형성합니다. 결과적으로 은하는 기체가 고갈되면 더 별을 만들 수

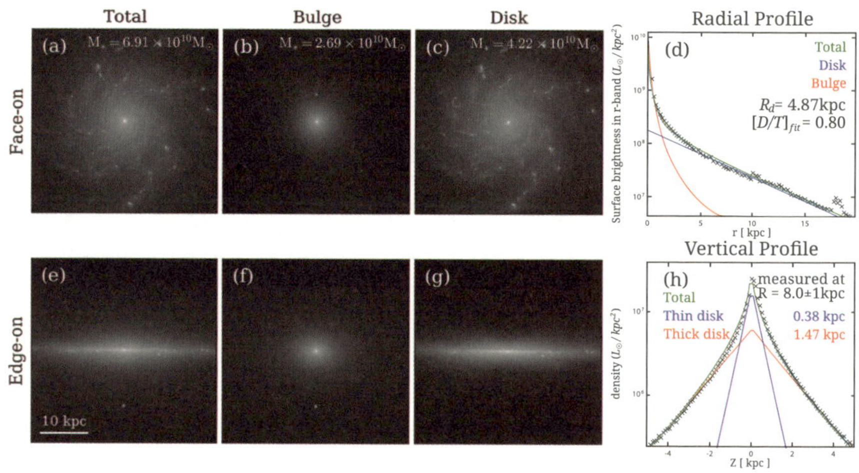

〈그림 7〉

뉴호라이즌 모형 은하. 이 은하는 최종 질량이 6.9 x 10^{10}태양질량으로 우리은하와 비슷하다. (a) 회전축 위에서 본 모습, (b) 원반에 속하지 않은 별들의 분포를 위에서 본 모습, (c) 원반에 속한 별들의 분포를 위에서 본 모습, (d) 은하의 중심거리에 따른 거리에 대한 밝기 분포. 은하 전체의 밝기(점)를 원반(파란선)과 팽대부(bulge, 빨간선)으로 잘 분해한다. (e) 전체 별들을 회전축 옆에서 본 모습, (f) 원반에 속하지 않은 별들의 분포를 옆에서 본 모습, (g) 원반에 속한 별들의 분포를 옆에서 본 모습, (h) 원반면으로부터 수직 방향으로 밝기 분포. "얇은 원반"과 "두꺼운 원반"의 합으로 전체 밝기 분포가 잘 구현된다. 이는 관측자료를 정밀하게 재현한 것이다.

출처 : 연세대학교 은하진화 연구실 (박민정, 이석영)

없어서 별로 정의된 은하의 원반은 점점 두꺼워 집니다. 오늘날 많은 실제 은하에 관측되는 "얇은 원반(thin disc)"과 "두꺼운 원반(thick disc)"의 기원도 이런 배경으로 설명이 되지요. 뉴호라이즌 모형 은하는 우리은하에서 관측되는 것과 흡사한 규모와 성질로 얇은 원반과 두꺼운 원반을 모두 재현해 내었습니다 (그림 7).

이렇게 만들어진 모형 은하를 관측자료와 비교하기 위해서는 모형 영상(mock image)을 구축해야 하는데, 이 작업 또한 쉽지는 않습니다. 시뮬레이션 상에서 각 은하는 대략 백만 개씩의 별 입자와 기체 단위로 구성되는데, 기체가 어떻게 분포하는지에 따라 별빛이 서로 다른 파장에서 얼마나 영향을 받는지가 달라집니다. 이런 것을 복사 전달(radiative transfer) 계산이라고 하는데, 빛이 기체에 의해 흡수되거나 산란하고, 산란한 빛이 또 다른 기체에 의해

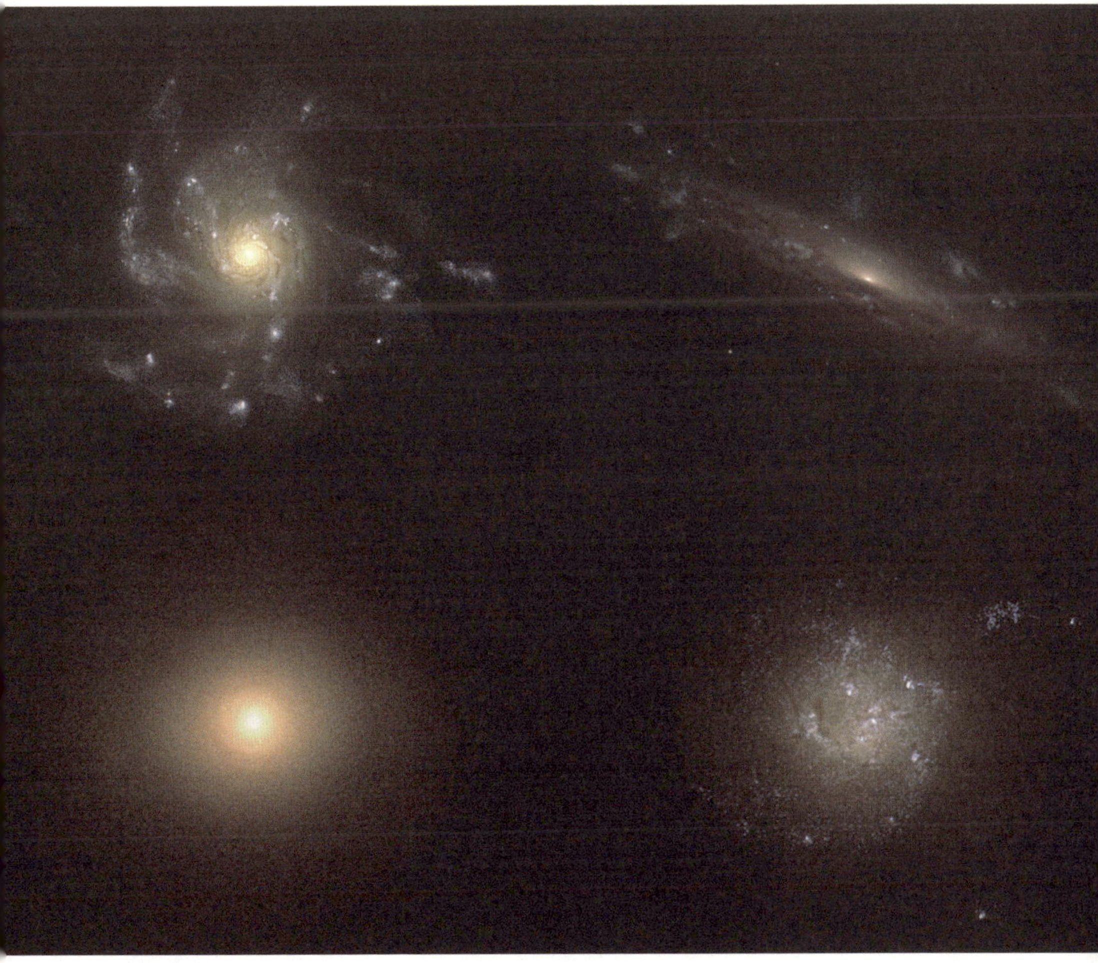

〈그림 8〉 뉴호라이즌 시뮬레이션 은하를 SKIRT 복사 전달 계산을 거쳐 만든 은하의 모의 영상.

출처 : 연세대학교 은하진화 연구실 (최호승, 이석영)

흡수되고 산란하는 과정을 사실적으로 계산하는 것도 학계의 숙제입니다. 우리 연구팀은 SKIRT9이라는 복사 전달 계산 코드를 활용하여 가상 영상을 구축했습니다. 그림 8은 이렇게 계산된 모형 은하의 모습을 보여줍니다. 그림 3의 실제 은하와 비교하면 어떤가요? 세세히 들여 보면 부족한 것이 많지만 인류가 은하를 이런 정밀도로 재현해 내기 시작한 것은 실로 감동스러운 일입니다. 쉬운 듯 말하지만, 여기 소개한 나선은하의 형성에 관한 연구 결과는 바로 다음 주에 세계에 처음 소개될 논문에 실릴 예정입니다.

21세기 은하형성 연구에 대한 전망

은하 형성의 비밀이 양파라면, 첫 껍질이 벗겨진 느낌입니다. 실제 우주에 존재하는 은하는 너무도 다양한 모습을 가집니다. 은하 중심에서 블랙홀이 무슨 역할을 하는지도 명확하지 않습니다. 기체가 모이면 도대체 어떤 효율로 별을 만드는지, 탄생한 별들은 은하와 어떤 에너지 순환작용을 하는지, 해결해야 하는 문제가 많습니다. 허블우주망원경은 백억 년 전 은하의 모습을 보여주었는데, 2021년에 우주에 오를 제임스 웹 우주망원경(James Webb Space Telescope)은 훨씬 더 크고 성능이 뛰어나서 실제로 은하가 처음 탄생하는 모습을 보여줄 전망입니다. 슬론 전하늘 탐사 (Sloan Digital Sky Survey)는 백만여 개 은하의 관측자료를 제공하여 천문 연구 방법을 바꾸었는데, 현재 건설중인 대형 시놉틱 관측 망원경(Large Synoptic Survey Telescope, LSST)는 1억 개 이상의 은하 자료를 제공할 것이라서 어떤 새로운 연구 방법이 탄생할지 기대됩니다. 한국이 참여하고 있는 세계 최대 지상 망원경 프로젝트 거대 마젤란 망원경(Giant Magellan Telescope), 유럽천문대가 추진중인 Extremely Large Telescope (ELT) 등 굴지의 차세대 관측 시설의 제1 과제가 은하형성을 이해하는 것입니다.

최근 10년 은하 연구 분야에서 가장 획기적인 발전은 슈퍼컴퓨터를 활용한 수치모사 모의실험을 거대한 우주 공간에 대해 수행할 수 있었다는 것인데, 이러한 이론 연구도 활발히 진행되고 있습니다. 관측에 비하면 십분의 일도 안 되는 작은 규모지만, 이론 연구자 집단도 꾸준히 성장하고 있고, 특히 한국에서도 젊고 IT 기술에 능통한 학자들이 많이 늘어나는 추세입니다. 반가운 소식은 대전에 있는 한국과학기술정보연구원(KISTI)이 2019년에 슈퍼컴퓨터 누리온을 새로 도입했는데, 그 성능이 세계 20위권 내에 들어서 천문학이 요구하는 최첨단 계산에 매우 유용하다는 것입니다. 실제로 2020년에 공개 모집된 누리온의 최초 과제 4개 중 하나가 우리 연구팀의 은하 형성 과제였던 것은 고무적입니다. 20세기가 던진 은하의 기원이라는 숙제를 21세기가 풀 것입니다.

다이아몬드 배를 타고 떠나는

지구 속으로의 여행

다이아몬드 배를 타고 떠나는 지구 속으로의 여행

이용재
지구시스템과학과 교수

“땅 속 깊은 곳에는 무엇이 들어있을까?” 이것은 어릴 적 바닷가에서 모래를 파보다가 한번 쯤 가졌을 법한 우리 모두의 호기심이지만, 아직까지 이를 확인해 본 사람은 없고 앞으로도 힘든 일일 것 같습니다. 그럼에도 땅 속 깊은 곳에 대한 다양한 상상들은 다양한 방식으로 축적되어 왔고, 2003년 개봉한 헐리우드 공상과학 영화 ‘코어’에서는 지구자기장 약화라는 전 지구적 환경재난을 해결하기 위해 “버질호”라는 지구내부 탐사선을 제작하고 외핵까지 진입하여 핵의 대류를 소생시킨다는 비교적 흥미 있는 드라마의 공간으로 땅 속이 소개된 적이 있습니다. 이러한 땅 속 깊은 곳에 대한 ‘거친 상상’ 속에는 과연 어떤 과학적 배경이 숨겨져 있을까요? 본 단원에서는 다이아몬드를 소재로 하는 소형 장치와 거대시설을 활용한 실험 기법을 활용하여 땅 속 퍼즐에 대한 모양과 그림을 맞추어가는 우리 과학자들의 이야기를 소개함으로써, 우리가 살아가고 있는 땅 위의 익숙한 환경이 땅 속 깊은 곳에서의 지루하지 않은 구성과 움직임을 통해 가능한 것임을 보여주고자 합니다.

영화 '코어'의 과학자문을 맡았던 미국 캘리포니아 공과대학 데이비드 스티븐슨 교수는 '지구 핵으로의 미션'이라는 네이처지 논문에서 "우리가 살고 있는 지구의 표면은 그 위와 그 아래의 경계"라는 표현을 했습니다. 이 말의 의미는 결국 지표면을 경계로 보았을 때 새롭게 탐사할 대상을 찾는다면 우주 혹은 땅 속이라는 의미로 해석될 수 있습니다. 하지만 현재의 인류가 지구를 넘어 화성과 외계행성 등으로 탐사의 대상을 확장해 가고 있는 반면, 정작 우리가 발을 딛고 사는 지구의 땅 속에 대한 관심이나 연구는 극히 일부분에 불과한 것이 사실입니다.

지구과학은 지구 전체를 대상으로 하는 연구 분야임에도 불구하고 우리가 눈으로 직접 확인할 수 있는 영역은 지구 표면에 한정되어 있습니다. 지구의 가장 깊은 곳까지 시추 한 최대 깊이가 약 12km라고 할 때 이는 지구 전체 부피의 약 0.4%에 불과할 뿐이죠. 따라서 우리가 살고 있는 지표면을 제외한 99.6%의 지구는 여전히 미지의 세계라고 할 수 있는 것입니다.

과학자들은 가 볼 수도, 눈으로 확인할 수도 없는 지표 아래 세상을 보기 위해 다이아몬드를 소재로 하는 소형 고압기로 땅속의 고온 고압 환경을 만들고, 거대 연구시설인 방사광가속기의 밝은 빛을 이용하여 그 변화를 관찰함으로써 지구의 껍질에서 일어나는 다양한 지질 현상에 대한 근원적인 이해를 추구하고 있습니다. 최근 우리나라에서도 이슈가 되고 있는 지진이나 화산 분출 가능성 등의 지질 재해들도 근원적으로는 땅속을 구성하는 광물과 암석의 변화를 통해 일어납니다. 땅속을 구성할 것으로 예상되는 광물을 대상으로 땅속의 높은 온도와 압력 조건을 만들어 연구하면 간접적으로나마 땅 속을 들여다 볼 수 있고, 이를 통해 지표에서 일어나는 여러 지질 현상들의 근원을 설명할 수 있는 것입니다.

초수화 카올리나이트의 발견과 지구 속 물의 순환

최근 우리나라 과학자들에 의해 땅 속에서 일어날 수 있는 새로운 광물상의 변화가 관찰된 적이 있습니다. 지난 2017년 연세대학교 지구시스템과학과 연구진에 의해 그동안 지표에서는 관찰된 적 없는 초수화(超水和)[1] 점토광물[2]이 지각판이 충돌하는 땅 속 깊은 환경에서 만들어질 수 있음이 규명되었습니다. 초수화란 특정 조건에서 물을 추가로 흡수해 팽창하는 현상으로, 이 연구를 통해 발견된 초수화 광물은 그동안 알려진 어떤 광물보다 많은 양의 물을 함유하게 됩니다(광물의 단위 총 무게의 약 30% 가량을 물이 차지). 특히 이러한 초수화 광물의 땅 속 온도 압력 조건에 따른 형성과 분해 과정은 지각판의 섭입대를 따라 물이 이동하는 새로운 방법을 보여주며, 이것은 바로 지진과 화산 활동에도 영향을 줄 수 있는 것이기 때문에 이 결과가 시사하는 바가 크다고 할 수 있습니다.

태평양 주변으로 분포하는 지각판의 충돌대에서는 지진과 화산 활동이 빈번하게 일어나 '불의 고리'라고 불립니다. 이는 충돌하는 지각판 한쪽이 다른

1) 초수화(Super-hydration) 또는 압력 유도 수화(pressure-induced hydration)로 불리우며 원자단위 포어나 층간 내부로 압력에 의해 물분자가 추가로 유입되는 현상. 제올라이트의 한 종류인 나트로라이트를 이용한 고압 실험에서 처음 관찰되었으며, 물분자 이외의 분자에 대한 압력 유도 포획으로도 확장되고 있음(https://en.wikipedia.org/wiki/Pressure-induced_hydration).

2) 알루미늄-규산염 층상 광물군으로 주요 광물의 화학적 풍화를 통해 형성되며, 입자의 크기가 작고 지표에서 토양의 주요 성분을 이룸.

지각판 밑으로 들어가면서 섭입대[3]를 이룰 때 섭입하는 지각판을 구성하는 광물과 암석에서 일어나는 변화의 산물입니다. 예를 들어 섭입대를 따라서 땅속으로 들어가던 광물이 온도와 압력의 증가에 의해 광물 내부에 품고 있던 물을 유출하게 되면 암석의 물성이 바뀌어 지진이 발생하기도 하고, 유출된 물에 의해 마그마가 형성되어 지표의 화산활동으로 이어지기도 합니다. 이런 면에서 바닷속 깊은 곳에 위치한 섭입대는 지표의 물이 지구 내부로 순환하기 시작하는 입구의 역할을 한다고도 볼 수 있으며, 과학자들은 이를 통해 땅 속에 지표보다 많은 양의 물이 들어있을 것으로 추정하고 있습니다.

섭입대를 따라 발생하는 지진과 마그마의 형성을 이해하는 방법 중 하나는 실제 섭입대의 깊이에 따른 온도와 압력 조건을 만들어 지각판을 구성하는 광물이 어떤 변화를 겪는지 관찰하는 것입니다. 연세대학교 연구팀은 섭입하는 지각판 최상부를 구성하는 주요 광물 중 하나인 카올리나이트[4](고령석 혹은 고령토)를 섭입대 땅 속 약 75km 깊이에 해당하는 조건, 즉 대기압의 약 25,000배 압력과 200℃의 온도로 물과 함께 가열했습니다. 이때 물 분자가 광물의 층상 구조 속으로 대거 유입되고 부피가 약 30% 이상 증가하는 초수화 반응이 일어난다는 사실을 관찰할 수 있었습니다(그림 1). 이렇게 만들어진 초수화 카올리나이트는 지각과 맨틀을 구성하는 주요 광물들 중에 가장 높은 물 함량을 보였고, 이를 통해 섭입대 접촉면의 물성을 변화시켜 지진과 화산 발생 메커니즘에 영향을 줄 수 있음을 유추할 수 있었습니다.

---

3) 지각판 사이의 충돌로 인해 하나의 지각판이 다른 지각판 밑으로 침강하는 지역. 지각판의 침강은 일반적으로 일년에 수 센치미터 정도의 속도로 일어나며 그 과정에서 지진과 화산활동 및 조산작용을 유도함.

4) 화학조성 $Al_2Si_2O_5(OH)_4$. 산출 상태에 따라 고령석 혹은 고령토라 부름. 점토광물의 한 종류로 규소 사면체(SiO_4) 층과 알루미늄 팔면체(AlO_6) 층이 1:1의 반복단위를 이루며 교대됨. 지표환경에서 층간은 수산화기(OH^-)와 산소 원자(O^{2-}) 사이의 수소결합으로 비교적 강하게 연결되어 있음. 일반적으로 장석의 화학적 풍화에 의해 형성되어 해양퇴적물의 주요 구성 광물을 이루며 지역에 따라 5~60% 함량을 보임.

이후 초수화 된 카올리나이트에 섭입대 약 200km 깊이에 해당하는 온도와 압력을 가하면 물이 대거 빠져나오면서 다른 맨틀 광물로 상전이[5)]하는 현상이 관찰됩니다. 이를 통해 섭입대 심부까지 물이 공급되며 마그마가 만들어지고 화산 활동으로도 이어질 수 있다는 설명도 가능해집니다. 따라서 카올리나이트의 초수화 현상은 마치 섭입대 75km와 200km 사이에서 작동하는 '광물 스폰지'에 비유할 수 있습니다(그림 1). 즉 물이 지하 심부에서 광물 속으로 숨었

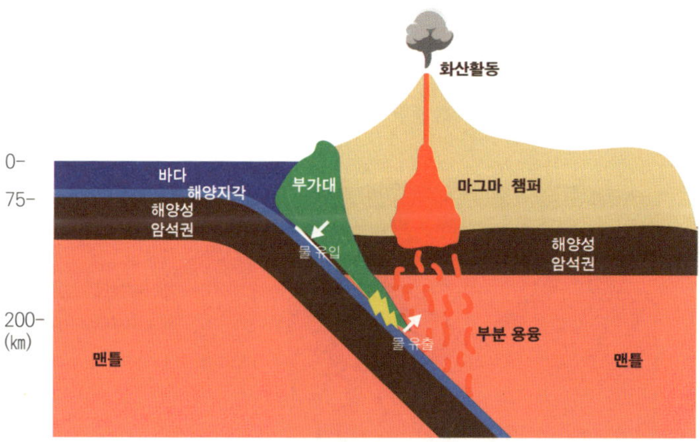

75㎞ 깊이 '카올리나이트'(고령석) 구조에 물분자 유입. '초수화 카올리나이트'형성. 천발지진과 중발지진의 경계
75~200㎞ 깊이 '초수화 카올리나이트'의 안정영역. 지구 심부로 물 전달
200㎞ 이상의 깊이 '초수화 카올리나이트'의 맨틀광물로의 상전이, 물 유출을 통한 마그마 형성 및 지표의 화산활동 유도

〈그림 1〉
지각판의 섭입대를 따라 초수화 카올리나이트가 만들어지고 분해됨을 보여줌.
이를 통해 지표의 물이 땅 속으로 이동하며 지진과 화산활동이 유도됨을 보여줌 (Hwang 등의 2017년 '네이처 지오사이언스' 논문에 대한 연합뉴스 2017. 11. 21자 보도기사 그림을 인용함).

5) 물질이 하나의 상(phase)에서 다른 상으로 전이(transition)되는 현상. 예를 들면 얼음이 녹아서 물이 되고, 물이 끓어서 수증기가 되는 각각의 변화를 상전이라고 함.

다가 더 깊은 곳에서 다시 유출되는 현상이며 이 과정이 지진과 화산 활동에 영향을 줄 수 있음을 새롭게 설명할 수 있는 것입니다.

다이아몬드 사이에 만들어진 땅 속과 이를 비추는 밝은 빛

땅 속의 고온고압 환경은 다이아몬드 앤빌셀[6]이라고 하는 소형 고압기를 이용해 만들어낼 수 있습니다. 한 쌍의 다이아몬드를 바닥 면이 서로 마주 보도록 정렬시키고, 그 사이에 눈에 보이지 않을 만큼의 시료를 가두고 눌러주면 대기압의 만 배 단위로 압력이 만들어집니다(그림 2). 이는 압력의 형성이 가

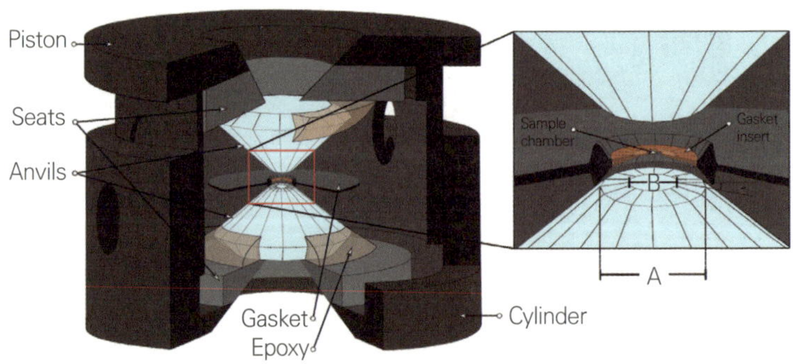

〈그림 2〉 다이아몬드 앤빌셀(Diamond-anvil cell, DAC)의 기본 구성.
한 쌍의 다이아몬드(anvils)가 금속판(seats)에 에폭시(epoxy)로 고정되어 바닥면이 서로 마주보도록 정렬되고, 피스톤(piston)과 실린더(cylinder) 방식으로 일정한 힘이 가해지면 대기압의 만 배 단위의 압력(gigapascal, GPa)이 형성됨. 오른쪽 그림은 금속 개스켓(gasket) 내에 만들어진 시료방(sample chamber) 부분을 확대하여 보여줌. 시료 방을 형성하는 A와 B의 지름은 각각 300과 150 마이크로 미터임(그림은 Shen and Mao의 2017년 논문을 인용함).

6) 단단하며 빛에 대한 투과성이 우수한 다이아몬드를 압력 전달의 모루(anvil)로 사용하는 소형 고압장치로서 두 다이아몬드의 큘렛(culet) 사이에 수~수십 마이크론 크기의 시료를 두고 힘을 가함으로써 대기압의 수십~수백만 배까지의 압력을 형성시킬 수 있음.

해지는 힘에 비례하지만 힘을 받는 면적에 반비례하는 원리, 즉 손가락으로는 벽에 구멍을 낼 수 없지만 압정을 이용하면 가능해지는 경험으로도 이해할 수 있습니다. 또한 다이아몬드는 단단하면서도 빛에 대한 투과성과 열에 대한 전도성도 우수하기 때문에 다이아몬드 주변에 소형 열선을 감아 시료의 온도를 높여주거나, 다이아몬드를 통과해 시료에 레이저를 비추게 되면 시료의 온도를 압력과 함께 땅 속 깊이에 따른 조건으로 만들어 주는 것이 가능해집니다.

이 때 다이아몬드 사이의 소량의 시료에 대한 온도와 압력에 따라 일어나는 변화를 측정하려면 밝은 빛을 만들어내는 방사광가속기[7]와 같은 거대 연구시설이 필요해집니다. 초수화 카올리나이트의 발견 과정에서도 연구팀은 2년에 걸쳐 햇빛보다 약 일억 배 밝은 X-선 전자기파를 만들어내는 미국과 유럽의 방사광가속기, 우리나라의 포항방사광가속기 시설들을 활용해 연구를 완성할 수 있었습니다.

하지만 초수화 카올리나이트의 연구에 적용된 섭입대 환경은 땅 속 수십~수백 킬로미터 깊이로 지구 자기장을 만들어내는 외핵까지의 깊이와 비교하면 약 1/15에 불과하고, 지구 중심까지와 비교하면 약 1/32에 불과합니다. 이러한 더 깊은 땅 속에서 일어나는 변화를 이해하기 위해서는 대기압의 백만 배 이상의 초고압과 수천 도 이상의 초고온을 만들어내고 이를 측정할 수 있는 전문적인 고온고압 연구시설이 필요합니다. 초수화 카올리나이트보다 더 깊은 곳에서 일어나는 광물의 변화를 연구하기 위해서는 고온고압 전문 연구

7) 전자와 같은 하전입자를 빛의 속도 가까운 운동상태로 만들고 가속시킴으로써 고에너지 X-선과 같은 다양한 파장대의 전자기파를 태양빛의 백만 배 이상의 밝기로 만들어내는 거대과학시설. 우리나라의 포항방사광가속기(http://pal.postech.ac.kr/)를 비롯해 전 세계에 30여기의 가속기연구시설이 건설되어 운영 중에 있음.

시설을 갖춘 방사광가속기의 활용이 필요하며 우리나라에도 지구 속 연구에 특화된 실험시설이 만들어질 날을 기대해봅니다.

더 높은 압력과 더 밝은 빛

최근에는 보다 새롭고 다양한 연구 장치와 시설들의 개발을 통해 기존에 접근하기 힘들었던 새로운 현상들을 관찰하고 연구할 수 있는 조건들이 갖추어지고 있습니다. 대표적으로 우리나라에도 X-선 자유 전자 레이져[8](X-ray Free Electron Laser) 또는 4세대 선형가속기라고 불리는 거대 연구시설이 포항가속기연구소에 건설되어 기존 포항방사광가속기의 빛보다도 약 1억 배 밝은 빛을 약 1000조분의 1초 단위로 만들어내어 원자들이 움직이고 결합하는 시간 스케일로 물질의 변화를 관찰할 수 있게 되었습니다. 미래 지구과학에서 풀어야 할 중요한 문제들 중 하나는 지구나 행성의 형성 과정을 이해하는 것입니다. 무수한 운석 충돌의 결과로 지구나 행성이 만들어 졌다고 할 때 이러한 환경에서 물질이 겪게 되는 빠른 변화를 고출력 레이저와 X-선 레이저를 이용해 모사하고 관찰하는 것이 가능해졌습니다. 최근 연세대학교 지구시스템과학과 연구팀은 포항에 새로 건설된 4세대 선형가속기를 이용하여 철에 빠른 충격이 가해질 때 일어나는 동적인 변화 과정을 초고속 X-선 측정법을 이용해 새롭게 관찰하는데 성공했습니다.

철[9]은 우주에서 가장 풍부한 금속 원소로 지구와 같은 행성의 핵을 구성하

8) 원형 방사광가속기의 밝기를 약 1억 배 가량 증가시키고 기존에는 불가능한 펨토초(10^{-15}초) 단위의 극초단 펄스와 레이저와 같은 결맞음 특성을 지닌 광원을 만들어내기 위한 직선형 가속기 장치로 원자들의 동적인 현상을 관측할 수 있게 해줌. 현재 전 세계적으로 우리나라를 포함한 5곳에만 건설되어 운영 중임.

9) 원자번호 26번의 전이금속 원소. 지구 핵의 주요 구성 성분이며 질량 면에서 지구 전체에서 가장 풍부함. 지

고 자기장을 형성하여 지표의 환경을 보호하는 중요한 역할을 합니다. 또한 철은 지구의 지각에도 풍부해 광석으로부터 철을 추출하기 시작한 이후 현재까지 인류 문명의 중요한 재료 역할을 해왔습니다. 이렇듯 풍부하며 중요한 철에 대한 이해와 활용을 위해 그동안 많은 연구가 이루어져 왔으나, 철의 변형이 유도되는 빠른 충격 환경에서의 동적인 변화 과정에 관한 이해는 측정상의 어려움으로 인해 그동안 알 수 없는 영역이었습니다.

연세대학교 지구시스템과학과 연구팀은 포항에 새로이 구축된 4세대 선형 가속기 시설을 활용해 충격이 가해진 상황에서 일어나는 철의 변화 과정을 실시간으로 관찰했습니다. 이를 위해 피코초(10^{-12}초) 단위의 짧은 펄스 길이를 가진 레이저를 이용해 철의 표면에 충격을 가하고, 이보다 짧은 펨토초(10^{-15}초) 단위 펄스 길이의 X-선 자유 전자 레이저를 이용해 철에서 일어나는 원자 단위의 동적인 변화를 나노초(10^{-9}초) 영역까지 관찰했습니다. 이는 마치 철 원자를 주인공으로 등장시켜 1,000장의 필름으로 나노초 동안 상영되는 영화를 만든 과정에 비유할 수도 있겠습니다.

우리가 보통 알고 있는 철은 정육면체의 중심과 각 꼭지점에 철 원자들이 배열되어 있는 구조(bcc 상)를 갖고 있습니다. 하지만 압력이 충분히 높아지면 밀도를 최대화하기 위해 철 원자의 배열은 육각기둥을 단위로 하는 패턴(hcp 상)으로 바뀌고, 온도도 함께 충분히 높아지면 다시 정육면체를 단위로 하지만 이전과는 다르게 정육면체 각 꼭지점과 면의 중심에 철 원자가 배열되는 패턴(fcc 상)으로 변하게 됩니다. 흥미롭게도 X-선 자유 전자 레이저로 촬영

각 구성에 있어서는 4번째로 풍부한 원소.

한 초고속 충격 상황에서의 철을 주인공으로 한 영화에서는 이러한 철의 서로 다른 모습들이 모두 등장합니다(그림 3). 짧은 펄스의 레이저를 이용하여 철에 가한 충격은 대장간에서 망치로 철을 두드릴 때 가해지는 충격보다 약 천 배 크고 약 천만 배 빠르며, 운석이 지구 표면에 충돌하는 상황에 비교될 수 있습니다.[10)] 이러한 극한의 상황에서 빛의 속도로도 약 30센티미터만 진행하는 짧은 시간 동안 철이 보여준 변화는 기존의 상상을 뛰어넘어 화려함과 반전의 매력까지 보여주었습니다.

철에 충격파가 전달되면서 원래의 bcc 상은 서로 다른 정도로 압축된 두 가지 상과 hcp 상의 세 가지 모습으로 변화를 보이다가 이후 충격파의 감쇠와 간섭 효과에 의해 오히려 부피가 팽창된 bcc 상과 fcc 상으로도 변화를 보이며, 수 나노초가 지난 후에는 원래의 상태로 돌아오게 됩니다. 원자 단위의 배열 패턴 차이로 구분되는 상들은 서로 다른 물리적 특성을 띄기 때문에 이러한 물질의 변형 과정을 이해하게 되면 물질과 물성을 올바로 이해하고 새롭게 응용하는 데 중요한 단서를 제공할 수 있습니다. 바로 지구와 같은 행성도 약 46억 년 전 이러한 물질의 변화 과정을 통해 만들어진 것이며, 상상하고 싶지 않지만 철운석이 지구에 떨어진다면 이러한 일이 또 일어나겠죠?

10) 대장간의 상황에서는 압축 강도가 35MPa인 철을 10kg의 망치를 이용하여 10m/s 속도로 내려친다고 가정함. 운석의 상황에서는 충돌 시 평균 속도를 20,000m/s로 가정하였고, 레이저의 상황에서는 레이저의 속도를 빛의 속도로 가정하였음.

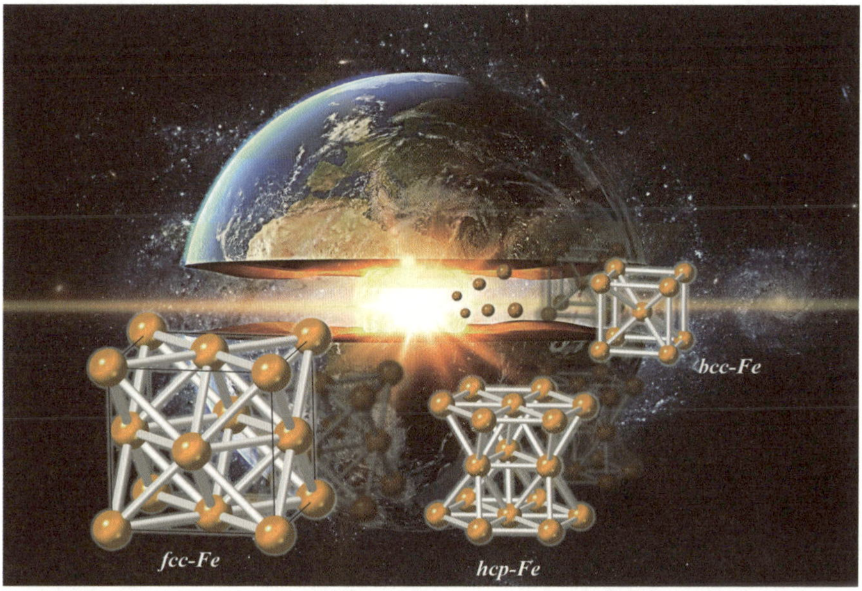

〈그림 3〉 지구의 핵을 구성하는 철의 다양한 원자단위 구조를 보여주는 그림.
레이저를 이용한 초고속 충격 상황에서 일어나는 철의 원자구조 변화를 포항 4세대 선형가속기 시설을 이용하여 피코초 단위로 측정한 모습을 형상화 함 (그림은 Hwang 등의 2020년 '사이언스 어드밴시즈' 논문의 보도자료를 인용함).

미래의 지구 속 여행자

지구과학에는 공룡만큼 재미있는 미지의 세계가 많이 있습니다. 최근 NASA의 인사이트(InSight) 미션에서도 볼 수 있듯이 세상의 관심은 이미 지구의 내부를 넘어 이웃 행성인 화성과 외계행성의 내부로도 확장되고 있습니다. 과학의 재미는 알면 알수록 더 알아야 할 것이 많이 보인다는 점이며, 특히 지구는 앞으로 풀어야 할 숨겨진 내용들을 무궁무진하게 간직하고 있습니다. 앞으로 지구와 행성 내부를 향한 여행에 미래 과학자를 꿈꾸는 우리 학생 독자들이 함께 할 수 있기를 바랍니다.

열이 나는 반도체, 빛이 나는 반도체,

그리고 미래형 반도체

열이 나는 반도체, 빛이 나는 반도체, 그리고 미래형 반도체

임성일
물리학과 교수

반도체는 20세기 전자산업의 혁명을 일으켰고 21세기 정보산업시대의 동력이 되며 특별히 우리나라 산업의 중추가 되는 전자소재로 자리매김 해왔다. 실리콘, 게르마늄, 갈륨비소, 갈륨질소(질화갈륨), 그리고 최근 노벨상을 수상한 그래핀은 우리에게 익숙한 물질들이다. 이번 장에서는 20세기, 21세기에 노벨상을 수상한 반도체들을 중심으로 반도체의 역사와 특성들에 대하여 살펴보고 그 원리를 간단하게나마 이해하며 더 나아가서는 현재의 한계상황들과 더불어 미래의 반도체들에 대하여 알아보기로 한다. 내용 중에 더러는 까다롭거나 모르는 것들도 있을 수 있겠으나 대강의 내용만 알아도 된다는 마음으로 가볍게 읽어 나가면 좋겠다. 필자가 본 장을 쓰는 목적은 대중의 재미와 관심, 흥미를 끌고 싶었다는 것을 알아주시기 바란다.

실리콘 반도체와 집적회로가 인류역사에 들어온 배경

과거 1950년 이전 2차대전 시대만 해도 사람들은 전기신호 증폭장치로써 2극 및 3극 진공관을 사용하였다. 진공관은 효율적인 면에서 큰 부피를 차지하여 필자의 어린시절을 떠올리면 확성기 전축 등 우스꽝스런 음악 오디오 시스템이 기억난다. 그러던 1956년 게르마늄 반도체는 인류최초의 반도체 소재가 되어 진공관을 대체할 수 있는 트랜지스터의 핵심소재가 되었다. 트랜지스터의 최초발명자들은 노벨물리학상을 수상하였는데, 그들은 브레튼(Brattin), 바딘(Bardeen), 그리고 쇼클리(Schockley)라는 사람들이다. 소위 PNP, NPN Bipolar Transistor (BJT)의 시초는 아래 그림에서 보듯 우스꽝스럽기까지 한 소자인데 그래도 맨 오른쪽의 2극/3극 진공관 보다는 부피 면에서 훨씬 작았다.

Physicists Brattain, Bardeen and Shockley 2극, 3극 진공관 시대를 PN접합 다이오드, PNP트ㅣ랜지스터 시대로 전환 시킨 주역들...

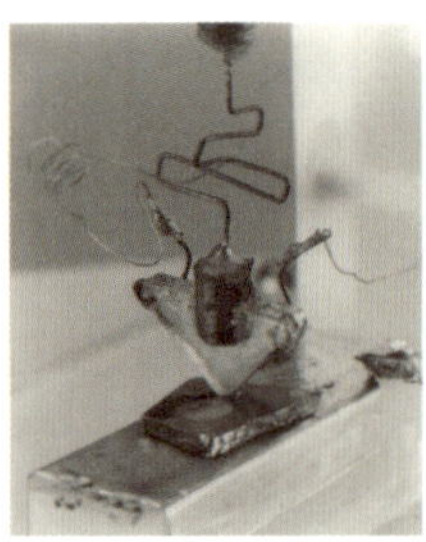

1956년 노벨물리학 상: 최초의 반도체 전자소자 게르마늄 트랜지스터(효과)

1906년 최초의 3극 진공관

그 이후 전자소자의 시대가 열리게 된다. 그러나 게르마늄은 최초의 노벨 물리학상을 수상한 반도체이지만 온도변화에 민감한 특성을 지니며 여름철에 약간만 온도가 상승해도 정상적으로 동작하지 못하는 단점이 있었다. 이때에 대치된 반도체가 바로 실리콘이다. 그리하여 1960-70년대부터 실리콘 반도체의 시대가 열렸다. 실리콘 회로는 영하 섭씨 100도의 온도로부터 영상 80도에 이르기까지 문제없이 동작하며 트랜지스터, 다이오드, 가시광 센서, 태양광 전지에 이르기까지 각종 분야에서 이제까지 활약하고 있다. 그중 트랜지스터의 모양변화는 인류에 획기적인 변화를 가져다 주었다. PNP, NPN 형태의 양극접합 모양으로부터 더 나아가 실리콘 산화막을 이용하는 모스펫(MOSFET)형태로 변화하게 되었던 것이다. MOSFET이란 metal-oxide-semiconductor-field-effect transistor의 약자인데 생긴 모양은 아래와 같아서 NPN 양극접합 트랜지스터와 영 다른 모양을 가지고 있지만 실상은 극이 세 개라는 점에서 동작은 유사하다고 볼 수 있다. 즉, NPN transistor가 Emitter (N), Base (P), Collector (N)의 3극으로 되어 있다면 MOSFET은 Source, Gate, Drain의 3극으로 구성되어 있다.

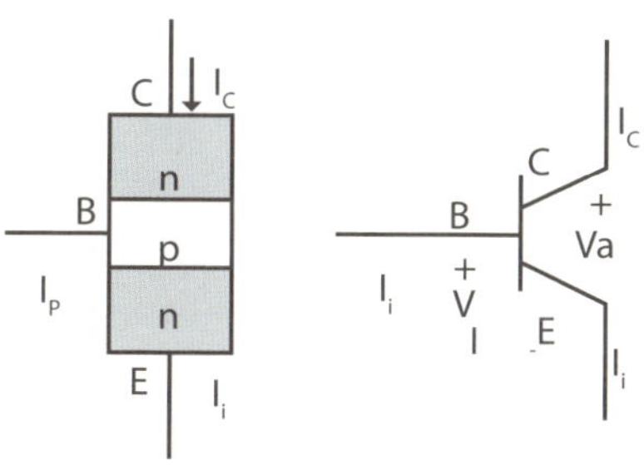

NPN 양극접합 트랜지스터

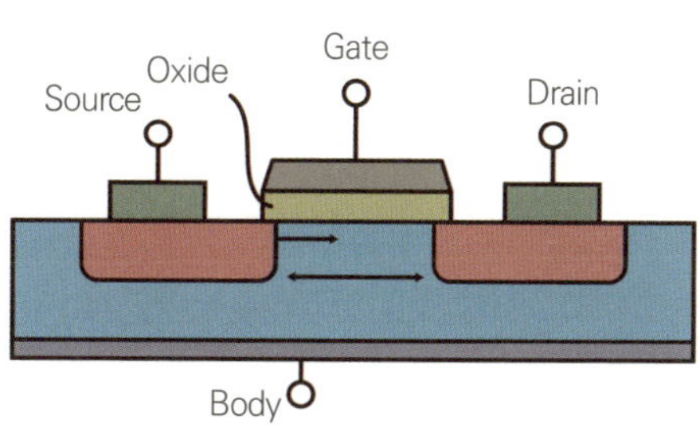

MOSFET 트랜지스터

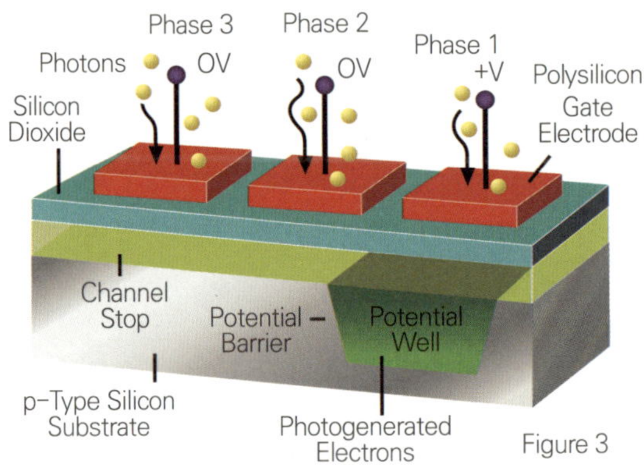

CCD Sense Element (Pixel) Structure

그런데 MOSFET트랜지스터의 어떤 점이 혁신을 일으켰을까? 그것은 두 가지이다. 첫째는 실리콘을 채택하여 실리콘 산화막을 적절히 사용할수 있었다는 점이다. 실리콘 산화막(SiO_2)은 최고품질의 부도체(절연층)이며 게이트(gate) 전극에 접압을 가할 때 정전용량(capacitance)에 따른 전자농도를 실리콘 채널층에 제공한다. 따라서 게이트는 소스(source)에서 흘러오는 전자들의 양을 통제한다. 마치 수문을 닫고 여는 스위치 역할을 할 뿐 아니라 물의 양을 통제한다. 그런데 흐르는 전자는 절대로 게이트 문으로 새나갈 수는 없다. 왜냐하면 절연층이 가로막고 있기 때문이다. 이에 반하여 NPN transistor는 Base를 통하여 게이트의 역할을 담당시키나, Emitter에서 Collector로 흘러가는 전자의 1% 정도가 Base로 새나가는 것을 막을 수 없다. 전기의 용량이 어느정도 낭비되고 있는 것이다. 두 번째는 실리콘으로 집적회로가 가능해진 점이다. 실리콘 표면만을 가공하여 산화막을 이용할 때 많은 종류의 빼곡한 소자집단을 만들 수 있었다. 즉, 수십수만 개의 저항, 콘덴서, 트랜지스터, 다이오드를 작은 표면적에 만들어 낼 수 있었다는 장점이 뒤를 따라왔다. 한편 게르마늄은 적당한 절연산화막이 없어서 더 이상 발전하지 못하고 말았다. 실리콘 산화막으로 인하여 가장 큰 발전을 이루어 인류에 공헌한 소자는 MOSFET 외에도 CCD(charge coupled device)가 있다. CCD는 고화질 가시광 센서, 카메라에 적용되어 예나 지금이나 사랑을 받고 있다. 이제는 실리콘 CMOS 픽셀이 대세이지만 아직도 정밀 감도용으로는 CCD카메라를 쓴다. 아래는 CCD 픽셀 이미지 센서의 모식도를 보여주고 있다. 각 픽셀 전극에 전압을 가하거나 가시광을 쬘 때 산화막 아래의 반도체에 전하의 농도가 달라지며 좌우로 이동하도록 측방향으로 전압을 걸어 그 픽셀 지점의 전하 상태 정보를 포집하는 것이다. 이와 같은 지대한 공헌으로 실리콘 반도체의 CCD는 2009년 노벨 물리학상을 수상하였다. 수상의 영예를 안은 두 과학자는 보일 (Boyle)과 스미스 (Smith) 였다. (아래 그림, Courtesy microscopy)

실리콘 반도체
적 화소 CCD 센서 카메라

- 각종 트랜지스터 소자
  다이오드 회로 물질
- 최대 강점 : 산화물이 (oxide: Sio)
  자동적인 부산물 → 집적회로 가능

Copyright © National Academy of Engineering

Willard S. Boyle

Photo: National Inventors Hall of Fame Foundation/SCANPIX

George E. Smith

앞에서 설명한 바와 같이 MOSFET과 CCD는 집적된 소자(Integrated Circuit: IC)를 형성하는 것에 지대한 공헌을 하였다. 이에 더하여 CMOS 상보효과 소자가 있다. 이것은 N형 채널 MOSFET과 P형 채널 MOSFET을 실리콘 소자내부에서 직렬연결한 일종의 회로이다. 현대 컴퓨터칩에 사용되는 집적회로는 DRAM과 같은 메모리, 중앙제어 장치 CPU, 그리고 연산장치로 되어 있다. CMOS소자는 2진법 연산장치와 관계가 깊다. 만약 인류가 실리콘 산화막 절연층을 이용하지 못하고 NPN(PNP) 트랜지스터 기술로만 일관하였다면 현대 20~21세기의 IC중심 전자산업은 절대로 나타나지 못하였을 것이다.

화합물 반도체의 출현과 광반도체 소자이야기

한편, 화합물의 인공적 합성에 의한 III-V족 반도체들도 1950-60년대부터 나타나기 시작한다. 실리콘(Si) 반도체는 다이아몬드 결정구조를 가진 IV족 반도체이며 가시광 빛을 흡수만 하는 데 반하여 이들 III-V족 반도체들은 가시광을 흡수할 뿐만 아니라 흡수된 가시광에서 일정한 에너지의 빛을 도로 발산하기도 하였다. 이들 III-V족 반도체는 주로 모체가 GaAs(갈륨비소)로 되어 있으며 적색발광을 보여준 AlGaInP(알루미늄 갈륨 인듐인화물), 근적외선 발광의 AlGaAs(알루미늄 갈륨비소), 초록발광의 ZnSe(아연 셀레나이드) 및 청색광의 InGaN(인듐 갈륨질화물)등이 개발되어 왔으며 1994년 청색발광의 주인공이 된 InGaN은 인류에 새로운 백색조명의 시대를 열게 된다. 적색과 초록색은 이미 개발이 되어 있던 상태였으므로 청색을 더하여 저전압 저전력으로 백색조명이 가능해진 것이다. 그런데 이러한 강한 청색발광 소자는 가장 실현되기가 기술적으로 어려웠으나, 세 명의 일본 과학자들에 의하여 개발되었다. 그중 가장 유명한 사람은 나카무라 슈지(Shuji Nakamura)일 것이다. 그는 본디 물리학자라기 보다는 소재화학공학자 혹은 재료공학자에 가깝다고 할 것이다.

The Nobel Prize in Physics 2014
Isamu Akasaki, Hiroshi Amano, Shuji Nakamura

Share this: 1.6K

The Nobel Prize in Physics 2014

Photo: Yasuo Nakamura/Meijo University	Ill. N. Elmehed. © Nobel Media 2014	Ill. N. Elmehed. © Nobel Media 2014
Isamu Akasaki	**Hiroshi Amano**	**Shuji Nakamura**
Prize share: 1/3	**Prize share:** 1/3	**Prize share:** 1/3

The Nobel Prize in Physics 2014 was awarded jointly to Isamu Akasaki, Hiroshi Amano and Shuji Nakamura "for the invention of efficient blue light-emitting diodes which has enabled bright and energy-saving white light sources".

www.nobelprize.org

각고의 노력 끝에 질화갈륨(GaN) 반도체를 소자화 할 수 있는 접촉저항 감쇄 기술을 습득하였다. 이들 일본과학자들은 소자개발직후 딱 20년이 된 2014년 노벨 물리학상을 수상하였다. 20년간 청색발광소자는 청색레이져 (blue laser diode) 뿐 아니라 백색조명 다이오드(white LED) 등을 통하여 인류에 큰 공헌을 했다고 판단된 것이다. 과연 그럴 것이다. 전기가 들어오지 않는 무인도를 생각해 보라. 그런 곳에 간단한 배터리만 있다면 얼마든지 조명을 밝힐 수 있으니 말이다. 최근 가전 조명들도 전등 및 형광등에서 LED조명으로 바뀌어지는 추세이니, 이 청색발광소자는 이제 그만큼 생산단가가 저렴하고 전기비가 적게 들어 조명의 혁명을 일으켰다 해도 과언은 아닐 것이다. 위의 그림은 청색발광 InGaN 다이오드 개발로 노벨상을 수상한 일본 과학자들의 사진과 삽화를 보여준 그림이다. 오른쪽부터, 슈지 나카무라, 히로시 아마노, 이사무 아카사키 교수이다.

그러면 어떻게 해서 이들 갈륨비소와 같은 화합물 반도체는 빛을 발광하는 것일까? 그 원리를 알아보기로 하겠다. 앞서 말한 바와 같이 실리콘은 빛을 흡수할 수는 있어서 흡수된 빛은 전자나 정공 같은 전기신호로 바뀌어서 CCD나 태양광소자와 같은 광감지 광전소자를 낼 수 있었다. 그러나 광을 발산해 내는 발광소자는 될 수가 없다. 이와는 달리 화합물 반도체는 높은 에너지로 흥분된 전자와 정공이 다시 원래의 낮은 에너지상태로 돌아가려고 재결합할 때 그 에너지 차이에 의해 상당한 빛을 내게 된다. 화합물 반도체의 종류에 따라 그 에너지는 결정될 수 있으며 따라서 어떤 반도체는 근적외선을, 또 다른 화합물 반도체는 적색광, 혹은 반도체의 구조적 물리적 특성에 따라 녹색, 청색을 발광하게 된다.

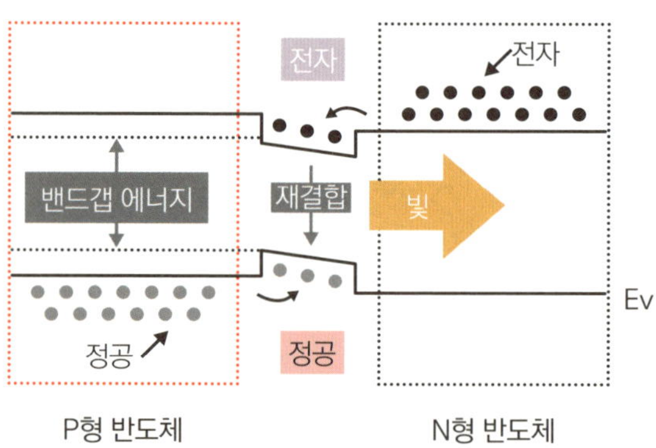

LED란 무엇일까? PN 접합 다이오드

왼쪽 PN접합 다이오드의 에너지 다이어그램에서는 정공을 전하로 갖는 P형 화합물반도체와 전자를 갖는 N형 반도체의 양단간에 전압을 걸었을 때 나타나는 발광현상을 보여준다. 전압 차이에 의하여 전자와 정공이 서로 반대방향으로 몰려가다가 중간지점에서 만나 재결합을 하는데, 이때 밴드갭 에너지 혹은 그보다 약간 적은 에너지가 빛 에너지로 계속 전환된다. 이것이 발광 소자의 원리이다. 이러한 소자를 우리는 LED(light emitting diode)라 부른다. 일반적으로 LED가 만들어지면 LASER 소자도 가능하게 된다. 즉, 공정 조건이 좀 더 복잡하기는 하나 LASER 광소자가 제작이 되면 전자-정공 재결합의 효율과 소자내부에서 발광의 효율이 극대화될 때 일방향으로 강한 증폭이 일어나 강한 빛이 나오게 된다.

빛이 나는 반도체와 열이 나는 반도체

반도체를 크게 두 가지로 대별해 본다면 아마도 빛이 나는 반도체와 열이 나는 반도체로 구분이 될 것이다. 조금 복잡하지만 고체물리학적으로 볼 때

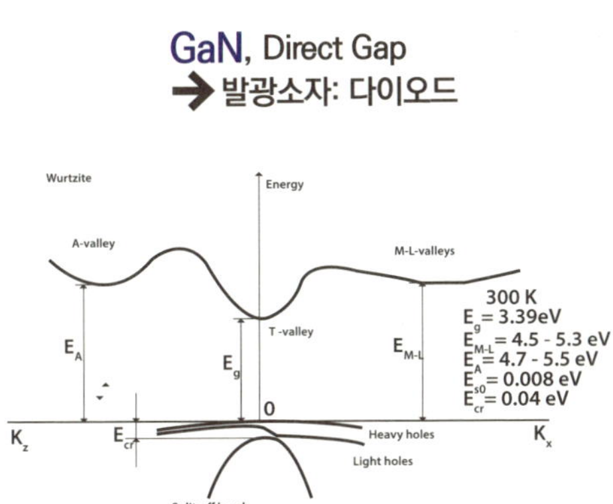

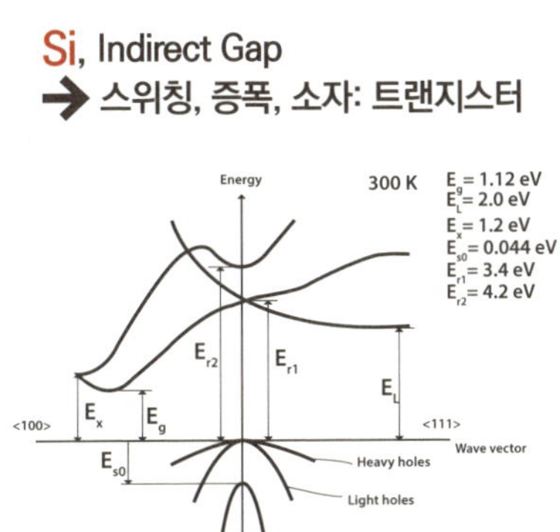

위와 같이 에너지 축과 운동량 벡터(k) 축으로 결정 고체내의 가전자(valence electron) 운동을 표현할 수 있다. 그런데 여기서 Eg라고 표현된 크기가 에너지 갭, 즉 특정 반도체의 밴드갭 에너지이다. 그 에너지 갭이 k축의 0점에 존재하면 GaN(질화갈륨)처럼 직접천이형 반도체가 되고, 0점을 비껴 나가서 어떤 k에 존재한다면 Si(실리콘)처럼 간접천이형 반도체가 된다. 전자와 정공의 재결합에서 발광은 직접천이형에서만 효율적으로 나타난다. 그와는 달리 간접천이형에서는 재결합시 발광이 보이지 않는다. 대신 저항 열만 발생한다. 전류의 흐름만 존재하기 때문이다. 물론 직접천이형의 경우도 전류의 흐름과 동시에 저항열이야 발생하겠지만 에너지 변화가 발광으로도 나타나므로 간접천이형에 비하면 열발생은 적을 것이다.

그런데 여기서 알아야 할 점이 있다. 직접천이형 반도체에서는 천연의 절연체 산화막이 존재하지 않아 집적회로화가 거의 불가능하다는 점이다. 그래서 간단한 고속 트랜지스터 회로와 더불어 발광 및 수광소자가 응용의 주류를 이루고 있다. 즉, 심각한 열이 발생하기는 어렵다는 것이다. 이에 반하여 발광이 없는 간접천이형 소자인 실리콘 소자는 절연 산화막이 천연으로 존재하여 대용량 집적소자가 가능하다. 이것은 큰 장점이지만 집적소자회로는 열에 의한 심각한 문제를 발생시킬 수 있다. 그 이유는 집적회로에는 엄청나게 많은 트랜지스터 소자가 나열되어 IC회로를 구성하고 있기 때문이다. 집적도에 따른 트랜지스터 소자의 개수는 해가 갈수록 많아지고 있다. CPU, 메모리, 연산장치회로 등은 해가 갈수록 빠른 속도의 연산과 엄청난 양의 기억용량을 요구하고 있기 때문에 각 전자소자의 크기와 동작 전압, 전류의 양은 작아지겠지만 소자의 총합에 따른 총 전력량은 커질 수 밖에 없었다. 아래의 그림들은 1개의 트랜지스터 소자 단면도와 인류가 현재 사용하고 있는 컴퓨터 내부 IC칩들 및 2015년 조사한 바에 따른 트랜지스터 소자의 개수이다.

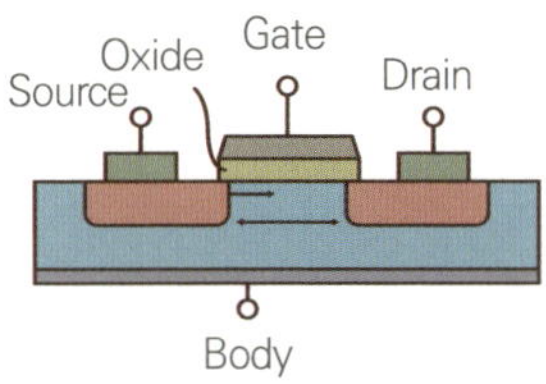

MOSFET 소자의 나노화, 회로 고집적 고속화,
- 열 문제 심각, 저전압 저전류 적용
- 컴퓨터, 핸드폰, 메모리 등
- 2015년 16nm L소자 1,900만개

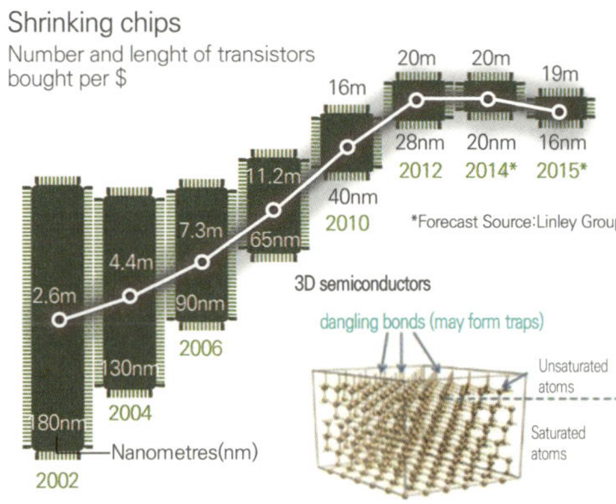

미화 1불에 판매될 수 있는 트랜지스터 소자의 개수는 1900만 개이며 그 보다 훨씬 많은 수의 소자들이 컴퓨터 칩속에 사용된다. 그러므로 소자 한 개에서의 채널길이는 16나노미터(원자 80개가 한줄로 나열된 정도)에 불과하다. 컴퓨터가 동작을 할때는 수천만 개의 트랜지스터가 저항열을 내놓는다는 것을 생각해 보았는가? 뿐만 아니라 각 소자의 채널길이가 수 나노미터 사이즈 원자 20개 이하의 사이즈로 더욱 작아진다면(짧아진다면) 트랜지스터의 게이트는 채널전자의 흐름을 제대로 통제할 수 없게 된다. 결과적으로 MOSFET의 장점인 완벽한 스위칭이 거의 불가능하게 되는 것이다. 이때는 전류의 양으로 인하여 더욱 전력소비가 커지고 더욱 엄청난 열을 발생시킬 것이다. 현재는 컴퓨터 보드에 구리판을 달아 팬을 가동하며 공냉식으로 열을 빼내고 있기는 하지만 곧 한계점에 도달할 것으로 보인다.

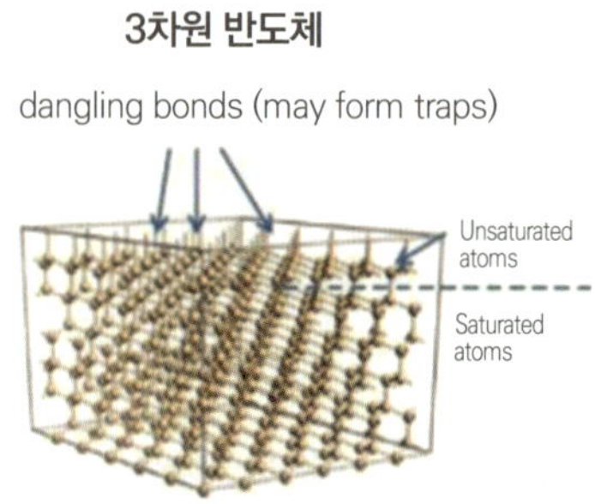

열에 의한 문제들과 대책들

내 컴퓨터에 블루스크린이 나타난다면 대부분의 경우 열이 빠지지않아 소자들이 오동작을 하는 경우들이라고 생각된다. 그뿐 아니라 이제는 위험한 경우도 발생한다. 화재나 폭발의 위험도 있었다. 2016년 8월경 뉴스가 되었던 삼성갤럭시 노트7 폭발사건은 유명한 일례가 된다. 아직도 화재의 원인이 내장형 배터리의 문제인지 고집적화된 회로에서 발생된 열의 문제인지 정확히 알 수는 없으나 아마도 이 두가지의 문제는 연결되어 있으리라 짐작할 수 있다. 위의 그림은 이러한 내용들을 좀 더 알기 쉽게 표현한 것이다.

위의 트랜지스터 소자그림에서 보듯, L은 전자가 통과하는 채널의 길이이며 WT는 채널의 두께이다. 고집적 회로가 될수록 L의 길이는 작아지며 W도 얇아진다. 이때 L의 실제적인 길이는 L'이 되어 더욱 짧아지는데 이때 기술적으로 채널의 전자흐름을 막는 스위칭(turn-off switching)이 불가능할 수도 있는데, 현대의 나노 트랜지스터 소자들은 이러한 한계상황까지 와 있다. 뿐만 아니라 절연체 막(흰부분)과 채널 실리콘(노란부분) 사이의 계면에는 많은 결함이 존재하고 있어 3차원 반도체 실리콘의 궁극적 한계점을 보여준다. 이러한 이유로 말미암아 전류 및 전력의 낭비가 가속화되고 이러한 누전은 발열현상으로 나타나게 된다. 이러한 문제를 해결하기 위해서는 채널의 두께를 극소화하는 방안이 검토되어야 했는데, 다시 말하면 3차원 반도체 채널을 2차원에 유사한 초극박막으로 만들자는 안을 고려하게 되었다.

미래의 나노반도체 제안 및 시도들

과연 이런 2차원 초극박막 반도체가 가능할 것인가? 인류 과학자들은 이것이 가능은 하다는 결론을 내린다. 그러나 물론 실리콘 회로 소자처럼 성숙한 궤도에 오르려면 아직 갈 길은 멀다. 그런 가운데 2010년 영국 맨체스터대학의 안드레 가임교수는 흑연 원자층 1장으로 된 그래핀(Graphene) 반도체를 발표하여 그의 제자인 노보셀로프와 함께 노벨 물리학상을 수상하였다(아래 그림). 이 그래핀은 스카치 테잎을 사용하여 흑연으로부터 원자층 한장 한장을 기계적으로 박리시킬 수 있는 특징이 있다. 한 장씩이 서로 반데르발스 힘

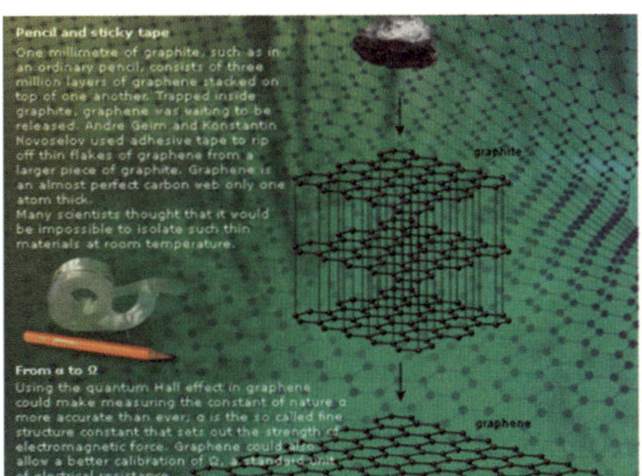

Andre Geim Professor, UK.

K. Novoselov

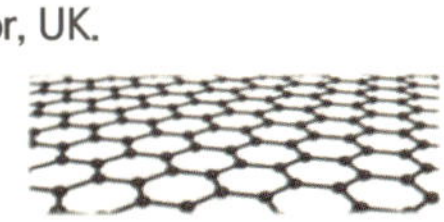

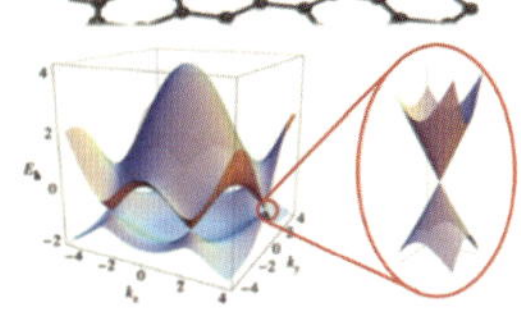

그래핀: 흑연 반도체-원자층 한장 짜리

www.nobelprize.org

(van der Waals force)으로 결합되어 있기 때문이다. 그래핀은 반도체 겸 도체로써 원자층 한 장을 가지고 놀라운 전하이동속도를 자랑하였고 높은 열적 안정성과 기계적 신축성 및 강도를 보였다. 물론 일반적인 반도체가 가져야 하는 에너지 밴드갭은 제로였기 때문에 집적회로에는 채널로 쓰이지 못하였다. 그러나 2011년에는 반데르발스 힘으로 박리가 되는 반도체 원자층과 부도체층들이 보고되기 시작하였다. 질화보론(h-BN)은 대표적인 2차원 부도체로 자리매김을 하였고, 2차원 원자층 반도체들은 주로 캘코진화합물들인 이황화몰리브덴(MoS2), 이셀레늄화텅스텐(WSe2), 이텔러륨화몰리브덴(MoTe2) 등이 보고되었으며, 순물질인 흑린(Blackphosphorous; BP) 등도 속속 보고되기 시작한다. 아래의 그림들은 그래핀(a), 흑린(b), 캘코진화합물(c), 질화보론(d)을 각각 보여주고 있다.

Rev. Mod. Phys. 81, 109 (2009)
Graphene and dirac cone band

Nat. Nanotechnol. 9, 372 (2014)
BP puckered structure semiconductor

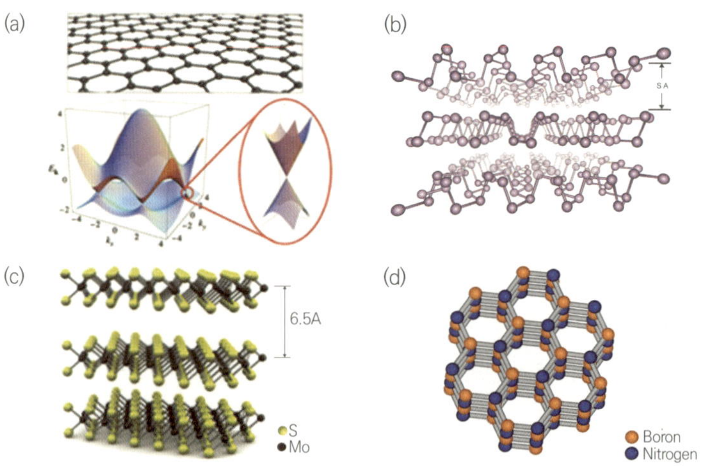

Nat. Nanotechnol. 6, 147 (2011)
TMD MoS2 semiconductor

Nat. Nanotechnol. 5, 722 (2010)
h-BN as an insulating 2D layer

이들 4가지 2차원 물질 중 특이한 것들은 2차원 반도체 캘코진화합물(TMD)과 흑린이다. 이들은 원자층 하나가 그래핀 보다는 두꺼운 형태이다. 캘코진화합물은 원자층이라고는 보기 어렵고 화합물 분자층이라고 보아야 맞겠다. 또한 흑린은 원자층 하나가 구불구불한(puckered) 구조를 가지고 있다. 완전평판의 그래핀 구조와는 달리 이러한 특수구조들이 에너지 밴드갭을 제공하는 것이다. 어쨌든, 이러한 원자층 혹은 분자층을 가지고 매우 얇은 두께의 트랜지스터 채널을 만들 수 있었다. 아래의 왼편 그림은 흑린으로 채널을 구성한 2차원 채널 트랜지스터이다. 절연체와 전극들은 3차원 물질들이지만 2차원 채널 반도체 트랜지스터는 동작이 매우 가능함을 보여주었다. 한편 이러한 2차원 반도체 물질들은 3차원 실리콘 반도체를 인위적 공법으로 2차원 극박막화한 결과물질과는 근본적으로 다르다. 그 이유는 이들은 반데르발스 힘으로 각 원자층(혹은 분자층)이 박리되었기 때문이다. 그들의 표면에는 소위 단글링 본드(dangling bond) 결합이라는 것이 이론적으로 존재하지 않아야 한다. 3차원 반도체의 한계점은 이미 앞에서 전술한 바 있으며 이러한 표면 결함들은 반도체 채널/절연체 계면형성시에 큰 문제를 야기한다.

이러한 2차원 반도체의 장점들, 즉 1) 실리콘처럼 에너지 밴드갭을 가지면

2차원 반도체

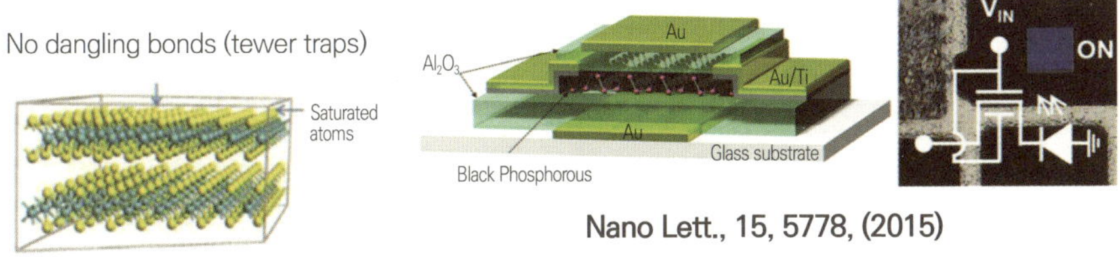

Nano Lett., 15, 5778, (2015)

서도 실리콘과는 달리 매우 얇은 채널층을 제공하여 전력의 낭비를 막을 수 있으며 2) 실리콘과는 달리 표면결함을 갖고 있지 않다는 두 개의 장점들은 세계 연구자들의 이목을 집중시켜왔고 그리하여 수많은 연구들이 보고되었다. 그러나 이러한 장점들에도 불구하고 아직 해결하지 못한 많은 문제들이 있는 것은 사실이다. 실리콘 트랜지스터소자에서는 이미 해결된 문제들인데 새로운 미래형 반도체에서는 집적회로의 소자가 되기 위하여 다시 해결되어야 할 문제들이다. 접촉저항 문제나 동작전압의 안정화 등의 문제가 그런 것들인데 장구한 시간이 걸릴 수도 있다. 그러나 전세계 과학자들은 희망을 가지고 연구하고 있다.

맺음말

이제까지 우리는 반도체의 역사와 더불어 실리콘 트랜지스터 소자의 한계, 광반도체 소자의 원리 및 역사 등을 살펴보았고, 한계를 극복하기 위한 노력의 일환으로 미래의 2차원 반도체 소자를 살펴보았다. 물론 이미 매우 성숙해 있는 실리콘 집적소자 및 회로공정의 성숙도, 안정성, 실용성을 미래의 2차원 반도체 소자가 따라잡으려면 요원한 시간이 필요할 것은 주지의 사실이다. 그러나 인류의 노력은 항상 결실을 맺어왔기 때문에 미래가 어둡다고 볼 수만은 없다. 실리콘 소자와 갈륨비소의 역사를 생각해 보라. 지난 50~60년을 걸어왔으나 1960년대에 아무도 현대의 이동통신용 고성능 mobile phone, 고성능 노트북 컴퓨터, 그래픽 카드, 엄청난 속도의 정보처리력을 가진 수퍼 컴퓨터, IT혁명을 이끌어 온 반도체 하드웨어, 발광 디스플레이 화면 등을 생각한 사람은 없었다. 오로지 기술의 발전을 즐거워하며 이러한 일들을 상상하고 꿈을 꾸며 걸어온 과학자들과 기술자들, 그리고 꿈꾸는 인류학자들이 있었기 때문

노벨상 메시지- 인류에 공헌했는가?
열정: 연구는 끝없는 흥미와 과학사랑이 DRIVE 한다
도전정신: 항상 필요하다. -꿈을 향해 달려가야...

에 가능한 일이 되었다. 정말 미래의 일들은 아무도 모른다. 인간의 잠재력은 생각보다 크고 놀랍다.

필자는 위의 노벨상 메시지를 항상 생각해 본다. 물론 나 자신이 고민하여 써 본 것이다. 인류를 사랑하는 마음과 인류에 공헌하고 싶은 마음, 과학을 사랑하는 마음에서 나오는 1차적 순수한 열정, 그리고 꿈을 향해 달려가는 2차적 열정과 도전정신, 이 세 가지가 과학자들에게는 가장 소중한 정신적 영역이 아닌가 한다.

스파이더맨의 비밀

- 분자간 인력과 물질의 성질

스파이더맨의 비밀
– 분자간 인력과 물질의 성질

전철호
화학과 명예교수

우리는 공상과학 영화를 볼 때, 어디까지가 과학적으로 가능한 사실이고 어디까지가 허구인지 궁금할 때가 많습니다. 오늘 강연 제목에 등장하는 '스파이더맨(2004)'은 거미와 같이 건물 벽에 붙을 수 있으며 심지어 천장에 매달릴 수도 있습니다(그림 1). 이런 장면은 영화 '미션임파서블 4(2014)'에서 주인공이 특수 장갑을 끼고 세계에서 가장 높은 건물의 유리벽을 기어오르는 장

〈그림 1〉 영화 스파이더맨과 미션 임파서블에서 주인공이 벽과 유리창에 붙어 있는 모습

https://en.wikipedia.org/wiki/Gecko#/media/File:Uroplatus_fimbriatus_(3).jpg

https://upload.wikimedia.org/wikipedia/commons/b/b2/Gecko_foot_on_glass.JPG

〈그림 2〉 게코도마뱀(좌)과 발가락의 섬모(우)

면에서도 볼 수 있습니다. 그런데 이들의 손이나 발에는 빨판이나 접착제 같은 것이 없습니다. 그렇다면 이와 같은 현상이 과학적으로 가능한 것일까요? 영화처럼 될 수는 없지만 최근의 과학기술로는 가능하다고 할 수 있습니다. 이들은 손이나 발에 특수한 소재의 장갑이나 신발을 신는데, 이것이 그 비밀이라고 할 수 있습니다. 오늘은 이 소재의 원리와 이와 관련된 물질의 성질에 관하여 소개하고자 합니다. 이렇게 중력을 거슬러 벽이나 천장에 붙는 현상은 자연의 생물체에서도 볼 수 있는데 대표적인 것이 게코(Gecko)도마뱀입니다(그림 2 좌). 이 도마뱀은 스파이더맨처럼 아무런 제약없이 쇠에 자석이 붙는 것처럼 벽이나 천장에 붙어 자유롭게 걸어 다닙니다. 이런 현상이 일어나는 이유는 게코 도마뱀의 발바닥에 빨판이나 접착제 대신에 무수히 많은 주걱(spatulae)처럼 생긴 섬모가 있기 때문이며, 바로 이것이 비밀의 열쇠라고 할 수 있습니다(그림 2 우).

이런 현상을 이해하기 위해서는 물질이 무엇으로 이루어져 있는지를 이해해야 합니다. 이 세상의 모든 물질은 분자들로 이루어져 있습니다. 이 물질들은 분자의 종류에 따라 상온에서 기체, 액체, 고체 상태로 존재합니다(그림 3). 이런 상태들은 분자의 종류에 따라 다르게 나타나는데, 그 이유는 분자들 간의 인력이 다르기 때문입니다. 기체는 분자간의 인력이 거의 없어 멀리 떨어져서 자유롭게 움직일 수 있습니다. 반면 고체는 분자들끼리 인력이 강하여 자유롭게 움직일 수 없을 정도로 붙어있는 상태 입니다. 액체는 분자 사이의 인력이 기체보다는 크고 고체보다는 약하여, 분자들 사이에 공간이 있어 자유롭게 움직일 수 있습니다. 이와 같이 분자들끼리의 인력이 커져갈수록 분자간 거리가 가까워지면서 기체, 액체, 고체로 변하게 됩니다. 분자는 이들의 구조와 모양만 보아도 서로간의 인력이 큰지 작은지를 알 수 있기 때문에 물질이 상온에서 기체인지 고체인지를 예측할 수 있습니다. 이런 분자간 인력에는 여러 가지가 있으며, 그 가운데 거의 모든 분자에 적용되는 분산력(London dispersion force 또는 Van der Waals force)에 관하여 알아보겠습니다.

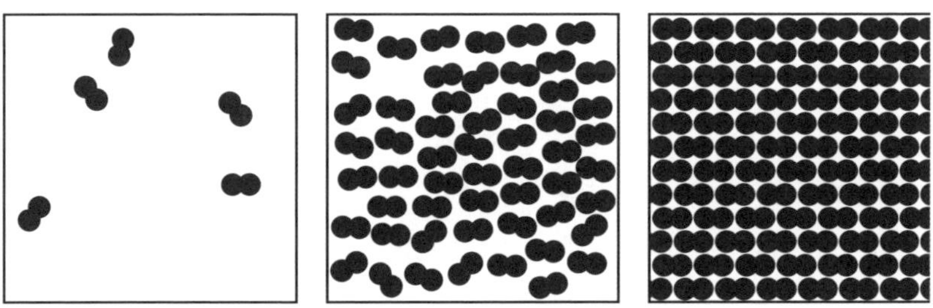

〈그림 3〉 공간에서 분자의 밀집도(분자간 거리)에 따른 물질의 상태

분자는 원자들이 서로 결합하여 연결된 것입니다. 자연에는 92개 종류의 원소가 존재하며 비활성원소(헬륨, 네온, 아르곤, 제논, 크립톤의 18족 원소)만 원자로 존재하고 나머지는 모두 분자로 존재합니다. 그러면 원자들은 어떤 방법으로 서로 결합하여 분자를 만들까요?

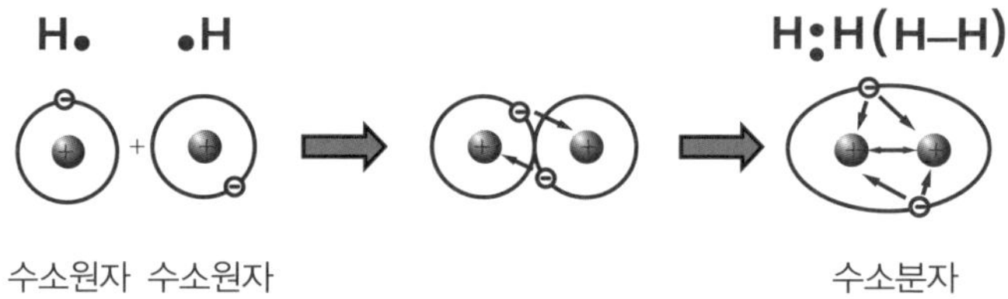

〈그림 4〉 수소원자로부터 수소분자가 생성되는 원리

먼저 수소원자가 어떻게 수소 분자가 되는지 살펴보겠습니다(그림 4). 수소원자는 중심에 양전하를 띤 양성자인 핵이 있고, 핵 주위에는 핵의 양전하를 상쇄할 만큼의 음전하를 띤 전자 하나가 돌고 있습니다. 그런데 원자들은 자기가 갖고 있는 전자에 만족하지 않고, 다른 원자의 전자를 끌어 당깁니다. 즉 양전하를 띤 원자핵이 다른 수소원자의 전자를 끌어당김으로써, 원자와 원자가 결합되고, 결과적으로 두 원자가 전자를 공유하면서 수소분자가 됩니다. 이 때 원자핵과 원자핵은 일정한 거리를 유지하면서 더 이상 가까워지지 않습니다. 왜냐하면 원자핵이 갖고 있는 양전하들끼리 서로 반발하기 때문입니다. 즉 수소원자와 수소원자가 결합하여 분자가 될 때에는, 원자핵은 일정한 거리를 유지하지만 전자들은 서로 공유하게 됩니다. 이렇게 전기적 인력과 반발력이 균형을 유지하고 있는 원자핵과 원자핵의 거리를 결합 길이라고 합니다. 결국 분자에서 양전하를 띤 원자핵들은 음전하를 띤 전자를 매개로 하여 결합하며, 전자는 원자핵과 원자핵을 결합시켜주는 풀과 같은 역할을 합니다. 수소원자의 전자를 점으로 간략하게 표시할 수 있는데, 분자에서는 원자 사이에 점 두 개를 찍어서 결합을 나타낼 수 있습니다. 이렇게 전자를 점으로 표시한 원자나 분자구조를 루이스(Lewis)구조라고 합니다. 결합에 참여한 두 개의 전자는 단일 결합을 나타내며 일반적으로 단일선으로 그립니다.

수소원자는 한 개의 전자를 제공하지만 원자의 종류에 따라서 전자를 여러 개 제공하는 것도 있습니다. 탄소원자의 경우에는 6개의 전자 가운데 4개의 전자를 제공하여 4개의 결합을 만듭니다(그림 5). 예를 들면 가정에서 연료로 사용되는 도시가스의 주성분인 메테인 분자는 탄소원자 한 개가 4개의 수소원자와 결합합니다. 탄소 2개와 수소 6개로 이루어진 에테인의 경우에는 탄소와 탄소끼리도 전자를 공유하여 탄소-수소 결합 6개와 탄소-탄소 결합 한 개로 되어있습니다. 모든 분자가 전기적으로 중성인 이유는 원자핵에 있는 모든 양전하는 분자 주위를 돌고 있는 음전하를 띤 전자수와 같아서 전하가 서로 상쇄되기 때문입니다.

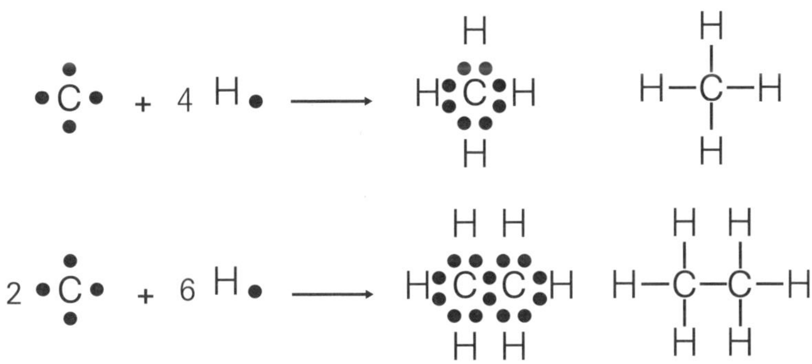

〈그림 5〉 메테인(위)과 에테인(아래)이 만들어지는 루이스 구조 화학식과 일반 화학식

이렇게 분자에서 양전하를 띤 원자핵들은 일정한 거리를 두고 고정되어 있으나, 전자는 핵 주위의 공간을 자유롭게 돌아다닙니다. 그런데 어떤 한 순간, 분자의 전자분포를 살펴보면 전자가 고르게 퍼져 있는 것이 아니라 불균형하게 분포되어 있습니다(그림 6). 이 때문에 전자가 많은 영역은 음전하를 띠게 되고 전자가 적은 부분은 핵의 양전하를 충분히 상쇄시킬 수 없기 때문에 양전하를 띤 부분이 생기게 됩니다. 이렇게 양전하와 음전하가 분리된 것을 쌍극자라고 하는데, 어느 한 순간에 생기므로 순간쌍극자라고 합니다. 이 순간

쌍극자현상은 다른 이웃 분자의 전자분포에도 영향을 미칩니다. 양전하가 많은 부분은 이웃 분자의 전자를 끌어 당겨 음전하를 발생시키고, 이웃 분자의 음전하를 빼앗긴 부분은 양전하를 발생시키는데, 이와같은 것을 유도쌍극자라고 합니다. 이 때문에 순간쌍극자 분자와 유도쌍극자 분자 사이에는 정전기적 인력이 생깁니다. 이렇게 분자간에 생기는 양전하와 음전하의 정전기적 인력을 분산력이라고 합니다. 분자의 크기가 크고 전자가 많으면 많을수록, 순간쌍극자현상이 많이 일어나며 다른 분자에서도 이에 상응하는 유도 쌍극자가 많이 발생하여 분자들간에는 더 강한 정전기적 인력이 작용하게 됩니다.

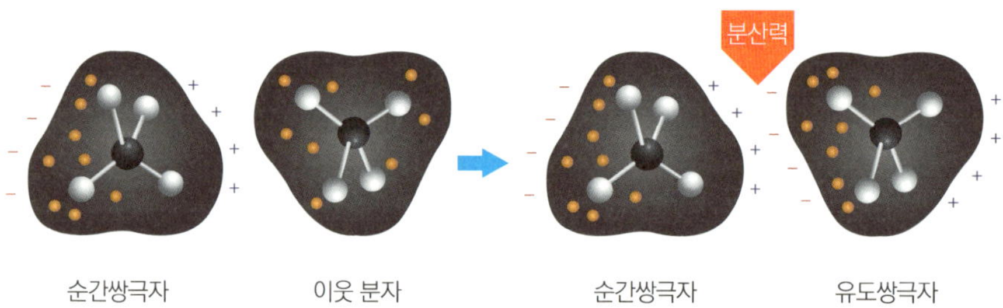

〈그림 6〉 메테인의 순간쌍극자에 의한 이웃분자의 유도쌍극자 변환과 이들 사이에 생기는 분산력

분자의 분산력이 크면 강한 인력으로 인하여 고체가 되고, 분산력이 약하면 인력이 약하여 분자간 거리가 멀어져서 기체가 됩니다. 어떤 분자가 분산력이 크고, 어떤 분자가 분산력이 작을까요? 일반적으로 분자의 크기가 크면 그 안에 있는 양성자와 전자의 개수가 많기 때문에 쌍극자현상이 커져 분산력도 커지고 고체가 되기 쉽습니다. 반대로 분자의 크기가 작아 전체 양성자와 전자의 개수가 적으면, 분산력이 작아 기체가 되기 쉽습니다. 예를 들면 메테인, 펜테인, 파라핀은 모두 탄소와 수소로만 이루어진 분자들이지만 상온에서 각각 기체, 액체, 고체로 존재합니다. 탄소원자 한 개와 수소원자 4개로 이루어

진 메테인(methane)은 쌍극자에 의한 분산력이 있지만 그 크기가 거의 무시할 수 있을 정도로 약하여 상온에서 기체로 존재합니다(그림 7). 휘발유 성분 가운데 하나인 펜테인(pentane)은 탄소가 5개, 수소가 12개로 그림에서 보는 바와 같이 많은 쌍극자 인력이 생겨 분산력이 메테인보다 훨씬 큽니다. 그러므로 펜테인은 분자간 인력이 많이 작용함으로써 분자간 거리가 가까워져 상온에서 액체로 존재합니다. 탄소가 18개, 수소가 38개인 파라핀은 무수히 많은 쌍극자 인력때문에 분산력이 매우 커서 상온에서 고체입니다. 액체가 기체가 되는 현상을 기화라고 하는데, 이것은 열로 에너지를 가하여 분자간의 인력을 끊는 것이며 이 때의 온도를 끓는점이라고 합니다. 메테인, 펜테인, 파라핀으로 갈수록 분산력이 커져서 분자간 인력을 끊기 위해 더 많은 에너지가

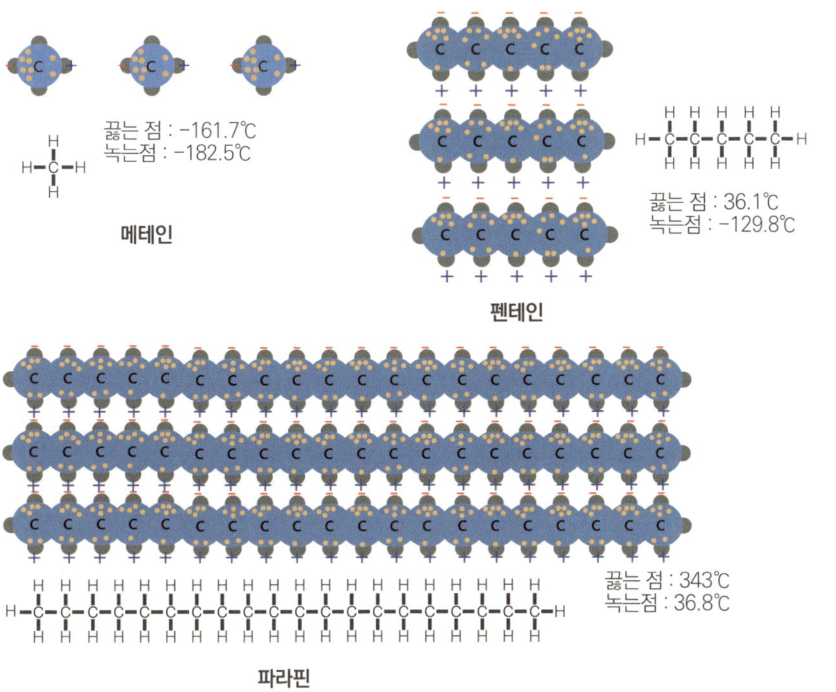

〈그림 7〉 메테인, 펜테인, 파라핀의 분산력과 물리적 성질

필요하여 끓는점도 높아지는 것을 볼 수 있습니다. 이렇게 탄소 사슬의 길이가 길면 길수록 분자간 인력이 커지는데, 이것은 분자와 분자의 접촉면이 넓을수록 분산력이 커지기 때문입니다. 이런 현상은 같은 수의 원자를 갖고 있는 분자라 할지라도 그 구조의 모양에 따라 분산력이 달라집니다.

탄소 5개와 수소 12개로 이루어진 펜테인(C_5H_{12})은 구조에 따라 노말펜테인과 네오펜테인이 있습니다(그림 8). 노말펜테인(b.p. 36도)은 네오펜테인(b.p. 10도)보다 끓는점이 26도 더 높습니다. 그 이유는 노말펜테인이 네오펜테인보다 분산력이 더 크기 때문입니다. 선형으로 길쭉한 노말펜테인들끼리는 접촉면이 커서 분산력이 크게 작용하지만, 네오펜테인은 분자가 공 모양이기 때문에 분자간 접촉면이 매우 작아 분산력이 작게 작용하여 끓는점이 낮습니다. 따라서 분자와 분자가 서로 끌어 당기는 인력을 크게 하기 위해서는 분자끼리 접촉면을 크게 하는 구조로 만들어야 합니다.

탄소 2개와 수소 4개로 이루어진 에틸렌이라는 화합물은, 분자의 크기가

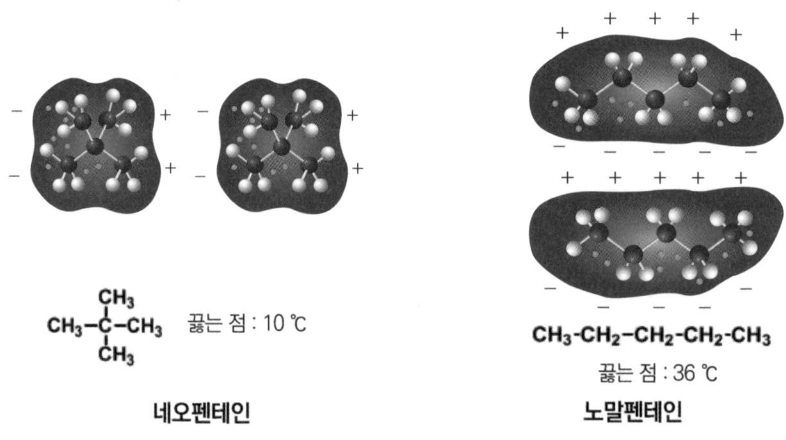

〈그림 8〉 네오펜테인과 노말펜테인의 구조에 따른 분산력과 끓는점의 차이

작아서 상온에서 기체 상태로 존재합니다. 이 화합물은 식물의 숙성호르몬으로도 사용되는데, 익지 않은 녹색의 바나나를 이 기체 속에 두면 단 시간에 노란색의 잘 익은 바나나로 바뀝니다. 이 에틸렌을 금속 촉매 하에서 반응시키면, 이중결합의 전자 두 개가 옆의 탄소와 결합하면서 탄소가 단일 결합으로 길게 연결된 폴리에틸렌이라는 고분자 물질이 만들어집니다(그림 9). 반응시간이나 촉매의 종류를 조절하면 이 분자의 탄소 길이를 조절할 수도 있습니다. 이후 그림에서는 편의상 수소원자는 표시하지 않고 탄소원자만을 표시하겠습니다. 이 폴리에틸렌이 서로 결합하여 탄소가 수만 개 선형으로 연결되면, 앞에서 보았던 파라핀보다 분자간의 분산력이 엄청나게 커져서 단단한 고밀도 플라스틱이 됩니다(그림 10 좌). 즉 고분자의 길이에 따라 폴리에틸렌의 물성이 달라지는데, 길이가 짧으면 부드러운 액체보관 용기로 쓸 수 있습니다. 그러나 수백만 이상의 초고분자량의 폴리에틸렌이 되면, 강철 이상의 강도를 가질 뿐 아니라 내마모성이나 내화학성이 우수하여 베어링, 기어, 인공관절, 초강성 끈의 소재로도 사용됩니다.

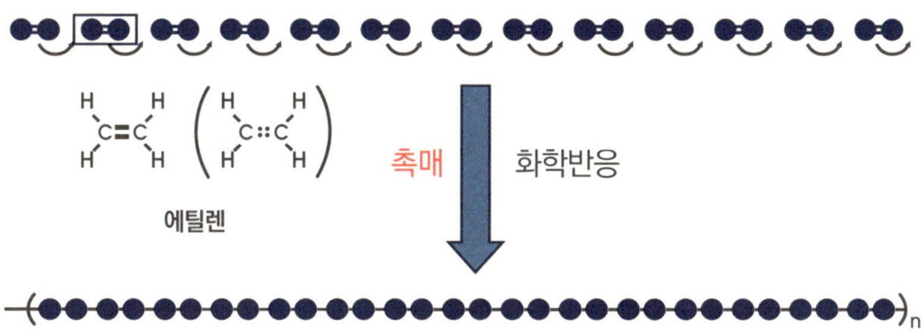

〈그림 9〉 에틸렌으로부터 촉매를 사용하여 폴리에틸렌을 합성하는 반응

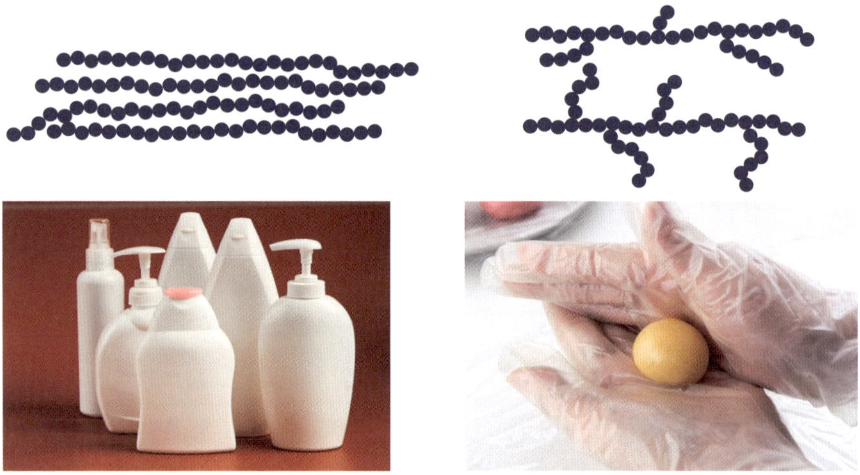

〈그림 10〉 선형 탄소사슬의 고밀도폴리에틸렌(좌)과 가지달린 저밀도폴리에틸렌(우)

이렇게 탄소의 길이가 긴 분자를 만들면, 분자간의 분산력이 강해져서 단단한 물질을 만들 수 있습니다. 그런데 폴리에틸렌을 부드럽고 말랑말랑하게 만들 수는 없을까요? 한 가지 방법은 분산력을 약하게 만드는 구조의 폴리에틸렌을 만들면 됩니다. 그렇게 하기 위해서는 탄소들이 선형으로 길게 연결된 고분자를 만드는 대신에, 고분자의 사슬 중간에 탄소사슬 가지를 붙이는 것입니다(그림 10 우). 고분자 사슬에 가지가 달려있으면, 가지들 때문에 긴 사슬들이 분자간의 입체장애로 인하여 서로 가까이 접근하지 못하므로, 분산력이 약하게 됩니다. 따라서 고분자 물질을 만들 때 이렇게 가지가 많이 생기는 폴리에틸렌을 만들면, 딱딱하지 않고 신축성이 있는 고분자를 만들 수 있습니다. 이런 고분자를 저밀도폴리에틸렌이라고 하며 말랑말랑한 튜브나 장갑으로 사용할 수 있습니다.

지금까지 탄소와 수소로만 되어있는 화합물에 관하여 설명하였습니다. 폴리에틸렌과 비슷한 고분자 가운데 PVC(polyvinylchloride)라는 이름으로 잘 알려진 염

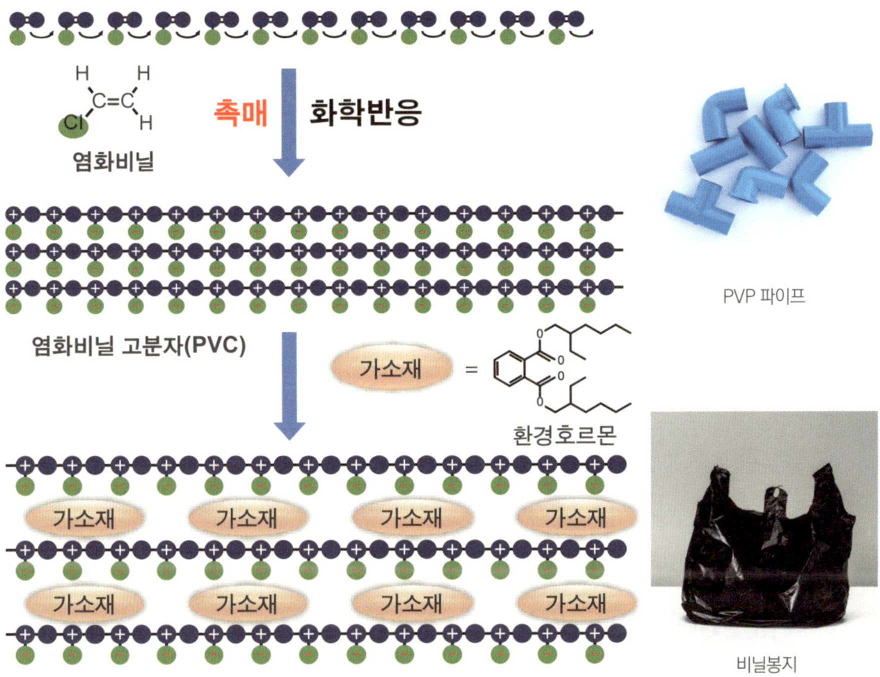

〈그림 11〉 염화비닐고분자(PVC)의 합성과 가소제 첨가를 통한 물성의 변환

화비닐고분자도 있습니다. 이것은 에틸렌의 수소원자 하나가 염소원자로 바뀐 화합물인 염화비닐을 반응시켜 고분자물질로 만든 것입니다. 염화비닐고분자는 폴리에틸렌과 구조가 같으나, 염소원자가 탄소원자 하나 걸러 한 개씩 붙은 고분자 입니다(그림 11 중). 이 고분자는 폴리에틸렌에서 보았던 분산력보다 훨씬 큰 분자간 인력이 작용합니다. 왜냐하면 염소는 전자를 끌어당기는 성질이 있어서, 염소는 음전하를 띠고 탄소는 양전하를 띠게 되어 폴리에틸렌보다 훨씬 큰 쌍극자를 생성합니다. 이에 따라 고분자끼리 강한 정전기적 인력이 작용하여 강한 플라스틱 고분자를 만듭니다. 염화비닐고분자는 강도가 강하고 가격이 저렴하여 수도관이나 건축자재뿐 아니라 생활용품에도 많이 사용되고 있습니다. 이렇게

딱딱한 염화비닐고분자를 부드럽고 탄력성이 있는 고분자로 만들고 싶을 때에는 간단히 첨가제를 가하여 만들 수 있습니다(그림 11 하). 첨가제는 선형으로 길게 연결된 탄소 사슬들 사이로 들어가는 쐐기와 같은 역할을 합니다. 이런 물질을 가소제(plasticizer)라고 하며, 고분자 사슬과 사슬 사이에 가소제가 끼어 들어가면 사슬 분자간의 거리가 멀어져 분산력이 약해지고 고분자가 부드러워집니다. 이때 가소제의 양을 변화시키면 염화비닐고분자의 물성도 조절할 수 있습니다. 비닐 봉지로 알려진 많은 포장재료는 염화비닐고분자에 가소제를 가하여 만든 것입니다. 그런데 이 가소제 가운데 많이 사용되는 DOP(dioctyl phthalate)같은 물질들이 환경호르몬이라는 사실이 최근에 밝혀졌습니다. 환경호르몬이란 우리 몸의 내분비계를 교란시켜 여러 가지 질병의 원인이 되는 물질입니다. 따라서 고분자에 이런 가소제를 사용할 때는 조심해서 사용하여야 하며, 특히 음식물을 다루는 플라스틱에는 사용하지 않는 것이 좋습니다. 왜냐하면 이 가소제는 고분자에 화학결합으로 붙어있는 것이 아니고, 물리적으로 섞여있는 것이기 때문에 사용조건에 따라 쉽게 빠져 나올 수 있습니다. 이런 고분자플라스틱을 열을 가하여 음식물을 데우거나 물을 끓이는 용기로 사용하면, 가소제가 빠져나오기 때문에 사용하면 안됩니다. 또한 갓난아기들이 입에 물고 노는 장난감의 재질로도 사용해서는 안됩니다(그림 12). 음식물을 직접 취급하는 폴리글로브 장갑이나 어린이가 입에 물고 놀 수 있는 장남감에 사용되는 재질로는, 가소제가 들어있지 않는 가지달린 폴리에틸렌 고분자 물질을 사용하는 것이 좋습

〈그림 12〉 어린이가 플라스틱 장난감을 갖고 노는 모습

니다. 이 밖에도 고분자 물질에는 약 200여종 이상의 다양한 종류가 있으며, 용도에 맞추어 사용하면 이상이 없지만, 만일 이것을 잘못 사용하면 엄청난 재앙을 몰고 올 수도 있다는 것을 알고 잘 선택하여 사용해야 합니다.

고체물질은 분자와 분자가 강한 분산력으로 결합하여 모인 것입니다. 고체물질의 표면에 있는 분자와 다른 물질의 분자 사이에도 분산력이 작용합니다. 이런 분산력을 이용한 동물이 앞에서 설명했던 게코(gecko)도마뱀입니다. 이 도마뱀은 벽면이나 천장을 마음대로 걸어 다닐 수 있는데, 그 원인은 게코 도마뱀의 발가락에 있는 섬모와 벽표면의 강한 분산력에 의한 것이라 할 수 있습니다. 이는 게코 도마뱀의 발가락이 벽이나 천장에 닿을 때, 발가락에 있는 섬모가 벽이나 천장의 표면과 접촉면을 최대한 높여주도록 변형됩니다(그림 13). 이런 변형은 발가락의 섬모와 벽면 사이에 강한 분산력에 의한 인력이 생기게 합니다. 최근의 어느 신문 기사를 보니, 초파리의 발에도 비슷한 주걱 같은 섬모를 갖고 있어서 유리나 천장에 쉽게 달라붙는데, 게코도마뱀의 발가락과 비슷한 원리가 적용되는 것 같습니다.

그러나 이런 섬모가 없는 일반 동물과 사람의 손이나 발바닥은, 벽면과의 접촉면이 매우 작아서 분산력이 거의 작용하지 않습니다. 스파이더맨의 장갑

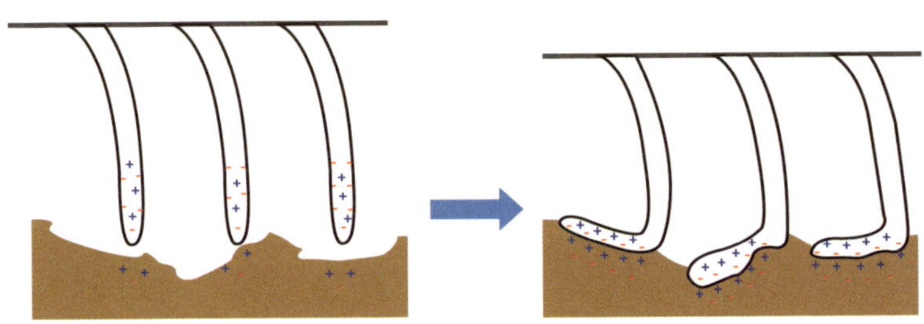

〈그림 13〉 게코도마뱀의 발가락에 있는 섬모와 벽 표면 사이에 발생하는 분산력 모형도

과 장화에 이런 분산력을 최대로 만들 수 있는 특수한 소재로 된 섬모가 있으면 벽면에 붙는 것이 가능합니다. 미션 임파서블의 주인공이 고층 빌딩벽에 붙어서 오를 때, 이런 특수 장갑을 끼고 오르는 장면이 나옵니다. 실제로 미국의 한 대학(스탠포드대) 연구소에서는 고층 건물을 오르기 위한 게코로봇(stickybot)을 개발하였습니다(그림 14 좌). 핵심 기술은 로봇의 발에 쐐기 모양의 작은 돌기를 단 소재를 붙인 것으로, 이 로봇을 사용하면 수십 킬로그램의 추를 매달고도 거뜬하게 유리벽을 올라갈 수 있습니다(그림 14 우). 이 특수한 소재는 고체 표면에 닿을 때, 최대한 많은 접촉면을 만들 수 있을 만큼 뻣뻣하면서도 고무처럼 유연해야 하며, 작은 면적에 무수히 많은 돌기를 만들 만큼 작고 길어야 합니다. 이런 용도로 쓸 수 있는 소재로는 앞에서 설명했던 고분자 물질의 물성을 변화시킴으로써 만들 수 있습니다.

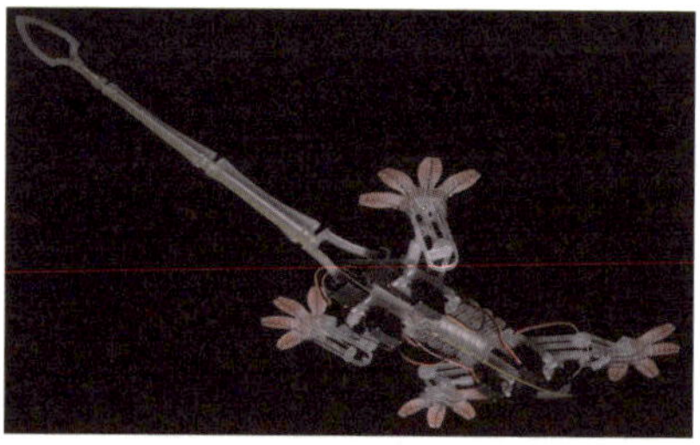

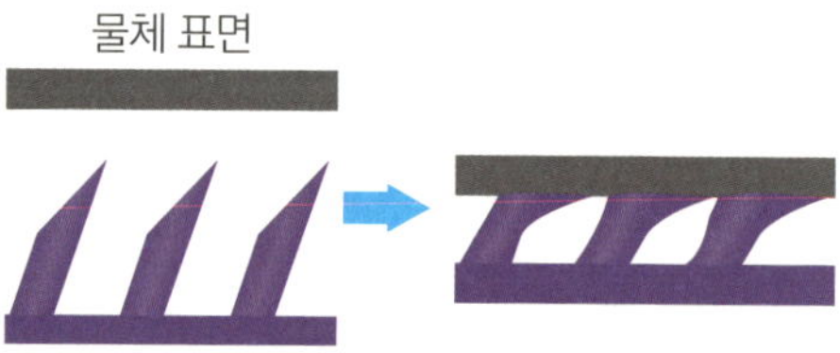

〈그림 14〉 게코로봇(Stickybot)(좌)과 로봇의 발바닥에 있는 고분자 섬모가 접촉 면적을 넓혀 물체 표면에 붙는 모형도(우)

출처 : (좌)https://upload.wikimedia.org/wikipedia/en/f/fa/Stickybot.jpg

참조 : Sangbae Kim, etal Reg IEEE Transations on Robotics, page 65-74 (volume : 24, issue1, Fel. 2008) DOI : 10.1109/TRO.2007.909786

여기서 한 가지 의문점이 생기는데, 붙었던 물질을 다시 떼어낼 때에는 무슨 방법으로 떼어낼 수 있을까요? 과학자들이 게코 도마뱀의 걸음을 자세히 관찰한 결과, 걷는 모양에 그 비밀이 숨어 있음을 알게 되었습니다. 처음 발가

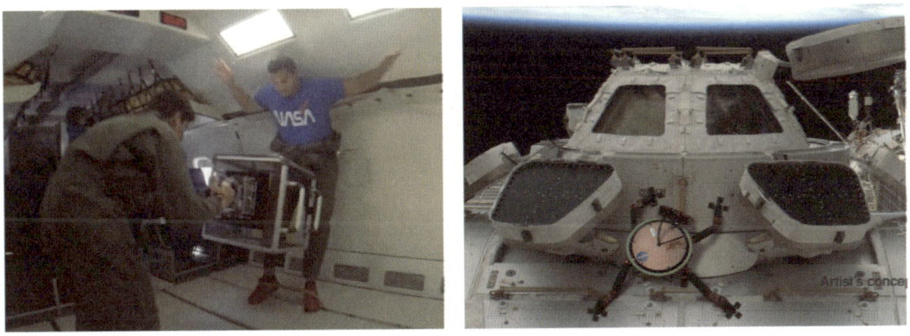

〈그림 15〉 무중력의 우주선에서 분산력 소재로 만든 기구를 사용하여 물건을 집어나르는 모습(좌)과 로보트가 우주선 밖에서 우주선을 고치는 모습의 가상도(우)

출처 : https://www.JPL.nasa.gov/news/gecko-grippers-get-a-microgravity-test-flight

출처 : https://www.JPL.nasa.gov/news/gecko-grippers-moving-on-up

락을 붙일 때에는 발가락이 한꺼번에 모두 벽 표면에 닿게 하여 분산력을 최대로 만들어서 붙이지만, 떼어 낼 때에는 발가락의 끝 부분부터 들어 올려 끝 부분의 약한 분산력을 이겨내는 방법으로 발가락 전체를 떼어내는 것입니다. 이 기술은 앞으로 많은 응용이 가능할 것으로 기대됩니다. 유리판, 전자회로 보드, 태양전지 패널과 같은 물질을 옮길 때, 진공 빨판은 표면에 흔적을 남길 우려가 있으나, 이 분산력 기술은 아무런 흔적을 남기지 않고 이들을 옮길 수 있습니다. 최근에는 미항공우주국(NASA)에서 이 분산력 기술을 이용하려고 계획하고 있습니다. 거대한 우주복과 두꺼운 우주 장갑을 끼고는 물건을 잡아서 옮기기가 어렵습니다. 그러나 이 소재를 붙인 장갑이나 판을 사용하여 물건에 붙이면 쉽게 다른 곳으로 이동시킬 수 있습니다(그림 15 좌). 또한 위험한 장소에서 일을 할 수 있는 로봇도 만들 수 있습니다. 우주에서는 무중력 상태이기 때문에 우주선 밖에서 걸어다닐 수 없습니다. 그러나 이 소재를 장착한 신발을 신으면 우주선 밖을 마음대로 걸어다니는 것이 가능할 것입니다.

게코-로봇을 사용하여 우주선 밖의 고장난 부위를 수리할 수도 있고, 우주의 쓰레기를 치우는데도 이 로봇을 사용할 수 있습니다(그림 15 우). 분산력을 이용한 접착 방식은 기존에 없던 새로운 자연모방 기술이며 그 응용범위도 무궁무진합니다. 이런 새로운 아이디어는 자연을 잘 관찰하여 연구함으로써 얻을 수 있는데, 이를 발전시키기 위해서는 여러 가지 과학과 공학이 협력함으로써 완성할 수 있습니다.